Die Nackengabel von Zerynthia (Thais) polyxena Schiff. und die Phylogenese des Osmateriums

Eine anatomische Studie zur Urform
der Lepidopterenlarve

Inaugural-Dissertation
zur Erlangung der Doktorwürde der Hohen
Philosophischen Fakultät der Universität Rostock

vorgelegt von

Max Wegener
aus Berlin

Springer-Verlag Berlin Heidelberg GmbH
1926

Referent: Prof. Dr. P. Schulze

ISBN 978-3-662-31415-9 ISBN 978-3-662-31622-1 (eBook)
DOI 10.1007/978-3-662-31622-1

Sonderabdruck aus Zeitschr. f. Morphologie und Ökologie der Tiere.
Band 5, Heft 2.

1. Kapitel.
Einleitung.

Die Nackengabel, jenes merkwürdige ausstülpbare Organ der Papilionidenlarven, das sie zu gewissen Perioden ihres Daseins und unter bestimmten äußeren und inneren Bedingungen auf der intersegmentalen Haut zwischen Kopf und erstem Thoraxsegment hervorrecken, hat von jeher die Aufmerksamkeit der Entomologen erregt, und es erscheint überraschend, daß eine Zeitspanne von 1734—1911 vergehen konnte, ehe auch nur die anatomische und histologische Struktur dieses Gebildes einwandfrei erfaßt war, ganz abgesehen von den Fragen nach seiner physiologischen Funktion, nach seiner biologischen Bedeutung und seiner phylogenetischen Ableitung.

Schon 1734 und 1746 nämlich, wenn wir von den „Surinamischen Insecten" der ANNA SYBILLE MERIAN aus dem Jahre 1705[1]) zunächst einmal absehen, erscheint das Osmaterium durch die Arbeiten von RÉAUMUR und RÖSEL VON ROSENHOF in der wissenschaftlichen Literatur, aber erst 1911 gibt P. SCHULZE (a) durch seine Untersuchungen an *Papilio machaon* L., an *P. podalirius* L. und *Parnassius apollo* L. eine vollständige und einwandfreie Darstellung des anatomisch-histologischen Aufbaues der Nackengabel und schafft durch seine eingehenden cytologischen Studien das sichere Fundament für die Physiologie, Biologie und Phylogenese dieses Organs.

Zwar veröffentlichte KARSTEN 1848 eine Arbeit über das Nackenorgan von *Papilio polyxenes* F. (*asterias*) und 1882 KLEMENSIEWICZ eine solche über *Papilio machaon*, aber selbst ein so geschickter und sorgfältiger Forscher wie der letztere konnte mit seinen einfachen Arbeitsmethoden ohne Anwendung von Schnittserien nicht viel mehr als die allerdings genaue anatomische Darstellung des Muskelapparates der Nackengabel geben. Die Entdeckung des Hauptteiles dieses Organes, der „ellipsoiden Drüse", gelang erst P. SCHULZE 1911.

Die vorliegende Arbeit schließt sich in jeder Hinsicht an die von P. SCHULZE an und sucht die Lücke zu schließen, die unser Forscher durch die Unmöglichkeit, sich einen Vertreter der Aristolochia fressenden Papilioniden zu verschaffen, offen lassen mußte. Erst der Weltkrieg gab P. SCHULZE die Gelegenheit, das Material zum Ausfüllen dieser Lücke zusammenzubringen, Raupen der Gattung

---

[1]) Nach frdl. Mitteilung von Herrn Dr. R. MELL, Canton, wird die Nackengabel von *P. polytes* L. schon in dem Log kue mung tzag (um 620 n. Chr.) erwähnt.

Zerynthia, und so stammt denn das ganze mir übergebene Material aus der Nähe von *Üsküb* in Mazedonien.

Als Fortsetzung der von P. SCHULZE begonnenen, grundlegenden Untersuchungen wird sich in dieser Arbeit also überall die Notwendigkeit zeigen, auf die Ergebnisse und Theorien derselben einzugehen, und ich kann mich daher für die Einleitung mit einer abkürzenden und schematisierenden Darstellung begnügen.

Vollkommen ausgestülpt stellt sich das Osmaterium von *Papilio machaon*, das wir als Beispiel wählen, in der Form der Abb. 1 dar. Mit kräftigem Basalstück (*bs*) buckelt es sich aus der intersegmentalen Haut dicht hinter dem Kopfe heraus, um sich nach kurzem Verlaufe in die beiden Gabelstücke (Abb. 1 *gs*) zu spalten.

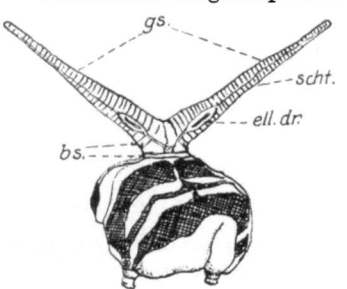

Abb. 1. *Papilio machaon*. Vorderteil der Raupe mit Nackengabel von hinten. *bs* Basalstück, *gs* Gabelstück, *ell.dr* ellipsoide Drüse, *scht* Schlauchteil. (Nach P. SCHULZE auf Seite 196, Fig. D.) 4:1.

Diese Gabelstücke sind die eigentlichen Träger der physiologischen Funktion der Nackengabel. Sie gliedern in zwei histologisch ganz differente Teile:
1. in den Schlauchteil (Abb. 1 *scht*),
2. in die „ellipsoide Drüse" P. SCHULZES (Abb. 1 *ell.dr.*).

Die ellipsoide Drüse wird also rings vom Schlauchteil umgeben. Ihr Charakteristikum ist jener Komplex großer secernierender Zellen (Abb. 2 *ell.dr.*, Abb. 3, 4), deren räumliche Anordnung P. SCHULZE zu seiner Benennung veranlaßte. Dieser Zellenkomplex wird gegen den Hohlraum des Aststückes, der ausgestülpt mit Hämolymphe angefüllt ist, durch eine doppelschichtige Grenzlamelle abgegliedert (Abb. 3 *grl*), die sich im Schlauchteile auf die Basalmembran der Hypodermis desselben umschlägt.

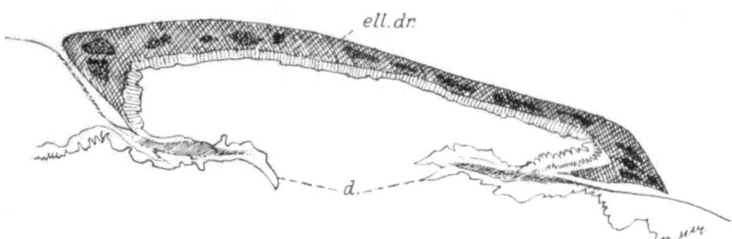

Abb. 2. *Papilio podalirius* (nach P. SCHULZE auf Tafel 12, Fig. 2). *d.* Dämme, *ell.dr.* ellipsoide Drüse.

Einen eigentlichen Ausführungsgang besitzt die ellipsoide Drüse sowohl bei *Papilio podalirius* wie bei *Pap. machaon* und *Parnassius apollo* nicht. Das nach außen breit sich öffnende Lumen des Drüsenzellenkomplexes wird vielmehr durch Chitingebilde geschlossen (Abb. 2 *d*, Abb. 3 *c.dr.*, Abb. 4 *aufs.*), die nur bei *Pap. podalirius* einen direkten Abfluß des Secretes gestatten. Bei *Pap. podalirius* nämlich legen sich zwar die sogenannten „Dämme" (Abb. 2 *d*) schützend und nach außen abschließend um die Drüse herum, es bleibt aber, besonders bei ausgestülptem Organ, ein Spalt, durch den das Secret frei abfließen kann. Bei *Pap. machaon* wie bei *Parnassius apollo* dagegen ist der Verschluß ein vollständiger, und das Secret diffundiert durch die abschließende Haut hindurch. Diese ist bei *Pap. machaon* dünn (Abb. 3 *c.dr.*), bei *Parnassius apollo* dagegen zu bedeutender Dicke, zu einem Deckel (l. c. S. 203) entwickelt (Abb. 4 *aufs.*), der wohl undurchlässig wäre, wenn in seiner Fläche nicht ein Gitterwerk von Chitinfenstern geringerer Wandstärke ausgespart wäre (l. c. S. 206).

Die Zellen des Schlauchteiles im Gabelstücke hat P. SCHULZE l. c. (S. 192ff.) in ihren Übergängen untersucht, von den eigentlichen Drüsenzellen an bis zu dem quadratischen Epithel der intersegmentalen Haut, aus der sich das Osmaterium erhebt. Sowohl bei *Papilio podalirius* wie bei *Pap. machaon* und *Parnassius apollo* hat der Schlauchteil eine secretorische Funktion ebenso wie die

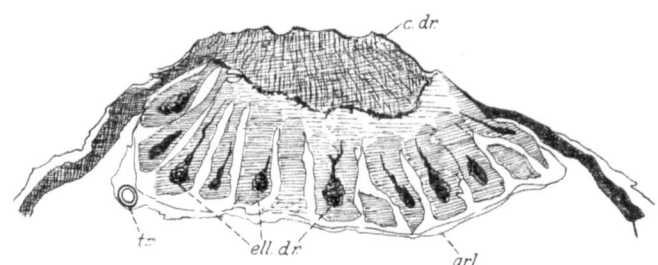

Abb. 3. *Papilio machaon* (nach P. SCHULZE auf Tafel 13, Fig. 9). *c.dr.* cuticuläre Drüsenverschlußhaut, *ell dr.* ellipsoide Drüse, *grl.* Grenzlamelle, *tr.* Trachee.

ellipsoide Drüse. Diese Ansicht einer Drüsenfunktion des Schlauchteiles hat zwar schon LEYDIG ausgesprochen, P. SCHULZE aber erst hat der Theorie LEYDIGS gegen KLEMENSIEWICZ zum Siege verholfen, indem er Secretionsphasen der Kerne in den Zellen mit der Spitzencuticula aufzeigte (Abb. 5, 6). Diese Zellen mit der Spitzencuticula machen den Hauptteil des Schlauchteiles aus. Ihr Secret diffundiert entweder direkt durch die dünne Spitzencuticula bei *Pap. machaon* hindurch, oder es findet seinen Weg nach außen durch die dünne Cuticula des Schaltstückes zwischen zwei Drüsenzellen, wenn, wie bei *Pap. podalirius*, die Spitzencuticula zu stark entwickelt ist und den Durchtritt verhindert (l. c.

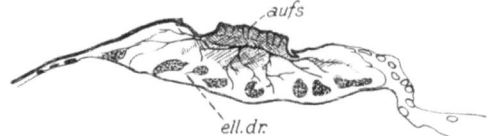

Abb. 4. *Parnassius apollo* (nach P. SCHULZE auf Tafel 13, Fig. 8). *aufs.* „Deckel" der ellipsoiden Drüse, *ell.dr.* ellipsoide Drüse.

S. 202). Dieses Schalt- oder Verbindungsstück ist kernlos und eine typische Cytodesme (nach der Terminologie von STUDNICKA). Sein Plasma ist also extracellulär. P. SCHULZE gelang der Nachweis, daß dieses kernlose extracelluläre Plasma ebenso an der Secretbereitung beteiligt ist wie das Endoplasma der kernenthaltenden „Zellen" mit der Spitzencuticula. Der einzige Unterschied ist ein späterer Beginn der Secretbereitung in den Verbindungsstücken (l. c. S. 200). Ich möchte diesen späteren Beginn der Secretbildung dahin deuten, daß erst im extracellulären Plasma des Verbindungsstückes das Secret diejenige Reife erhält, die das Hindurchdiffundieren durch die Cuticula der Cytodesme ermöglicht (l. c. S. 189).

1*

In der Bezeichnungsweise der Plasmatologie (STUDNICKA, S. 85) könnte man den Schlauchteil der Nackengabel (von *Pap. podalirius* z. B.) also definieren

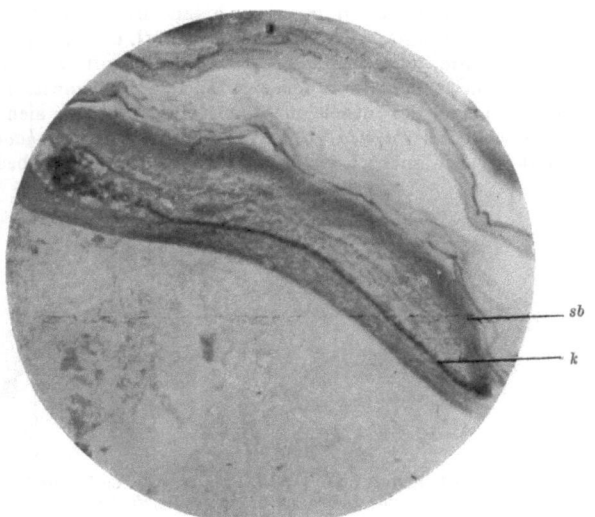

Abb. 5. *Papilio machaon*. Zelle der Gabel in Secretion. *k* der lang ausgezogene Kern, *sb* Secretbogen. 440:1. (Nach P. SCHULZE.)

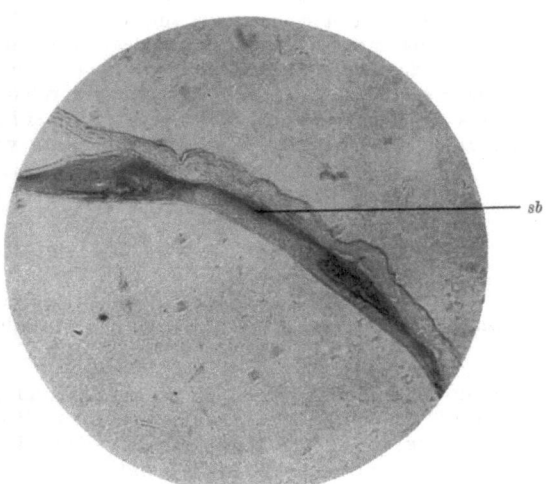

Abb. 6. *Papilio machaon*. Secretion im Zwischenstück zwischen zwei Zellen. *sb* Secretbogen 280:1. (Nach P. SCHULZE.)

als ein Syncytium, in dem das Endoplasma sowohl im Endoplasmakernteil wie im extracellulären Plasma der Cytodesmen in der Hauptsache excretorische

Drüsenfunktion besitzt, dessen Exoplasma sich über dem Endoplasmakernteil in die Spitzencuticula, im extracellulären Teile dagegen in die relativ dünne Cuticula des Verbindungsstückes umwandelt (*Pap. podalirius* z. B.; bei *Pap. machaon* sind die Gegensätze nicht so groß). Diese schwächere Ausbildung der Chitinbedeckung der Cytodesme steht bei *Pap. podalirius* in Beziehung zu der Sonderfunktion des extracellulären Plasmas, nämlich die Ergußstätte zu sein für das Nackengabelexcret des Schlauchteiles.

Auch die Untersuchung des motorischen Apparates der Nackengabel lieferte P. SCHULZE bemerkenswerte neue Resultate. Dieser motorische Apparat (Abb. 7) besteht aus je zwei Retractoren für jedes der beiden Gabelstücke, und in gewissem Sinne gehört auch noch die ganze Stammuskulatur und die Muskulatur der Pedes spurii zu ihm. Der Vorgang der Ausstülpung nämlich ist ein solcher der Pressung, bei dem die Nackengabel rein passiv durch den Druck der Hämolymphe herausgewölbt wird, indem das Tier unter Anklammern mit den Pedes spurii und Aufbäumen des Vorderkörpers durch die Contraction der Stammuskulatur die Leibeshöhlenflüssigkeit dem Kopfe zutreibt (Abb. 31). Mit dem Aufbäumen des Vorderkörpers ist eine kräftige Senkung des Kopfes verbunden, durch welche der Nackenschild von diesem entfernt und die intersegmentale Haut freigelegt wird, und auf dieser Stelle geringsten Widerstandes wölbt nun der Druck der Hämolymphe zuerst den Basalteil, dann die Gabelstücke heraus.

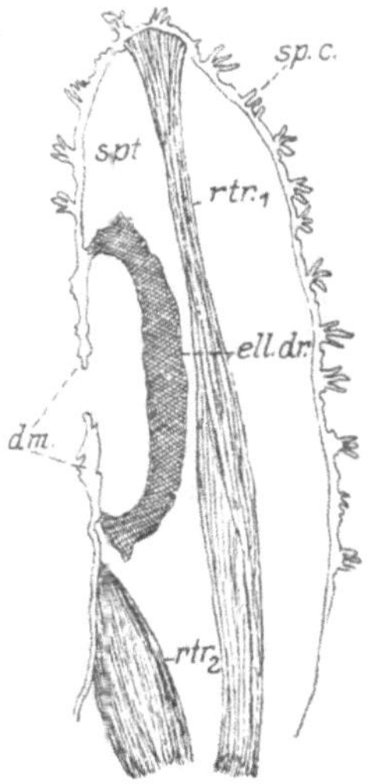

Im Gegensatz zur passiven Ausstülpung geschieht die Einstülpung durch die Arbeit der beiden Retractoren, nämlich

1. des Retractors des Gabelstückes (Abb. 7 *rtr.1*) und
2. des Retractors des Basalstückes (Abb. 7 *rtr.2*).

Der Retractor des Gabelstückes erstreckt sich ungefähr von der Spitze des letzteren bis zur Cuticula des 3. Thoraxtergits, während der Retractor des Basalstückes vom apicalen Ende desselben (ausgestülptes Organ) zum 1. Thoraxsegmente hinzieht (l. c. S. 186). Das eben geschilderte Beispiel des Verlaufes der Retractoren ist den Verhältnissen entnommen, wie sie P. SCHULZE bei *Pap. podalirius* aufgezeigt hat (S. 186), *Pap. machaon*, wie schon KLEMENSIEWICZ fand, weicht insofern davon ab, als bei ihm der Retractor des Gabelstückes nicht wie bei *Pap. podalirius* am vorderen Rande des gleichsinnigen 4. Segmentes sich ansetzt, sondern unter Kreuzung mit den Fasern seines Partners aus dem anderen Gabelstücke zur entsprechenden Ansatzstelle auf der Gegenseite hinüberzieht.

Abb. 7. Schematisierter Aufriß durch einen Nackengabelast von *Papilio podalirius*. *dm.* Dämme, *ell.dr.* ellipsoide Drüse, *rt.1* Retractor des Spitzenteiles (Schlauchteiles, Gabelstückes), *rtr.2* Retractor des Basalstückes, *spt.* Spitzenteil (Schlauchteil Gabelstück), *spc.* Spitzencuticula.

P. SCHULZE hält es für möglich (S. 186), daß dieser Unterschied in der Anordnung der Gabelstückretractoren bei *Pap. podalirius* und *Pap. machaon* ein durchgreifender und systematisch wichtiger zwischen den Larven der Sektionen *Cosmodesmus* HAASE und *Papilio s. str.* sein könne.

Wie P. SCHULZE aufzeigte, geschieht die Insertion der Retractoren von Basal- und Gabelstück in ganz merkwürdiger, bei den Insecten bisher noch nicht beobachteter Form: Die Tonomitome des Gabelstück-Retractors wachsen in die sogenannten „Klöppel" der Hypodermis der Schlauchteilspitze hinein (l. c. S. 208) und der Retractor des Basalstückes inseriert teilweise durch die sogenannten „Chitinleisten" in der Hypodermis dieses basalen Nackengabelteiles (l. c. S. 210).

Da auf diese Gebilde, auf die „Klöppel" sowohl als auch auf die „Chitinleisten", in späterem Zusammenhange noch genau einzugehen ist, so genüge zunächst dieser Hinweis. Aus demselben Grunde wird auch die Physiologie, Biologie und Phylogenese zunächst nur ganz kurz gegeben.

P. SCHULZE lehnt die sogenannte „Wehrdrüsentheorie" der Nackengabel auf Grund einer statistischen Untersuchung über die Parasitierung der Papilionidenlarven (l. c. S. 227 ff.) und des Ergebnisses von Fütterungsversuchen (l. c. S. 230 ff.) ab. Nach dieser Theorie ist das Ausstülpen des Osmateriums eine Zweckhandlung, ausgeführt, um durch den Geruch und etwa noch durch die chemische Einwirkung des Gabelsecretes den Angreifer fernzuhalten.

Die biologische Bedeutung des Osmateriums ist aber eine ganz andere: Die Nackengabel ist eine Art Excretionsorgan (P. SCHULZE, S. 238). Sowohl die Drüsenzellen des Schlauchteiles, wie die der ellipsoiden Drüse entnehmen der umspülenden Hämolymphe Bestandteile, an denen gerade die Nahrung der Papilionidenlarven reich zu sein pflegt, die Alkaloide (Aristolochin), die organischen Säuren, die ätherischen Öle, den Milchsaft (siehe dazu MELL, Eiablagen bei Insecten). Vom Aristolochin z. B., dem Alkaloide der Aristolochiaceen, wissen wir, daß es für die meisten Tiere ein tödliches Gift darstellt, und doch gestattet die ellipsoide Drüse den Vertretern der Sektion *Pharmacophagus* (HAASE) die Anpassung an diese Giftpflanzen, eine Anpassung, die so eng ist, daß HAASE sie in seinem natürlichen System der Papilioniden zu einem seiner Einteilungsgründe machen konnte.

Phylogenetisch leitet P. SCHULZE die Nackengabel (S. 235 ff.) durch Verwachsung aus Zapfen ab, die rein morphologisch etwa denen der *Zerynthia*-Larve (Abb. 8 z) glichen, aber ein- und ausstülpbar waren, Drüsenfunktion besaßen und topographisch dem Larvenkörper in dorsaler Stellung aufsaßen. Unser Forscher konnte diese seine Ansicht aus dem schon erwähnten Mangel an Material leider nicht anders als durch Analogie dartun. Sie wird sich aber als eine äußerst glückliche, weitreichende Intuition erweisen, deren Licht weit hineinleuchtet in das Dunkel der Organgeschichte des Osmateriums.

2. Kapitel.

Die Fleischzapfen von Zerynthia polyxena.

P. SCHULZE (S. 239/240) schloß seine Arbeit mit den folgenden Sätzen: „Für den Zoologen wird es vor allem darauf ankommen, die Raupen exotischer Arten, wie *Pap. polydamas*, zu untersuchen, um in anatomisch-histologischer Beziehung die Phylogenese der Nackengabel und ihrer wichtigsten Teile, der ellipsoiden Drüse, der Retractoren usw., zu ermitteln. Da aber gut konserviertes Material von diesen wohl kaum zu erlangen sein wird, würde wahrscheinlich die Untersuchung von *Thais* (= *Zerynthia*) *polyxena* schon neue Momente zutage fördern." Der letztere Satz enthält das Thema meiner eigenen Arbeit. Seine Gliederung liegt auf der Hand.

1. Anatomisch-histologische Untersuchung der Fleischzapfen,

2. die der Nackengabel,

3. die biologische Bedeutung der letzteren,

4. die Homologisierung der Nackengabelteile bei *Pap. podalirius*, *Pap. machaon, Parnassius apollo* einerseits, bei *Zerynthia (Thais) polyxena* und *Zerynthia rumina medesicaste* anderseits, und schließlich

5. die Phylogenese des Osmateriums.

Die Ableitung P. SCHULZES gewann noch an Bedeutung durch die vergleichend-morphologischen Untersuchungen, welche VAN BEMMELEN (1913) und SCHIERBEEK (1916/17) veröffentlichten.

VAN BEMMELEN machte es durch seine Untersuchung über die Farbfleckzeichnung der Larven, Puppen und Imagines der Rhopaloceren, darunter auch *Zerynthia (Thais) polyxena*, wahrscheinlich, daß ganz allgemein der Anordnung und Ausbildung der primären Haare und ihrer Homologa, also nach DYAR, FRACKER, SCHIERBEEK (S. 301) den Warzen (Verrucae), den Tuberkeln (Tubercles), den Dornen (Scoli) eine große phylogenetische Bedeutung zukomme. SCHIERBEEK erweiterte diese Reihe Seta-Verruca, wie wir kurz sagen wollen, durch Hinzufügen des Farbfleckes, der Macula, und gewann aus seinen für die Lepidopterenlarven umfassenden, für die übrigen Insectenordnungen nur angedeuteten vergleichend-morphologischen Studien die Überzeugung, daß das primäre Haar, die Seta, das phylogenetisch älteste Gebilde in der obigen Reihe sei, aus dem die übrigen hergeleitet werden müßten. Diese Auffassung SCHIERBEEKS scheint in striktem Gegensatz zu der zu stehen, welche mit P. SCHULZE in dieser Arbeit zugrunde gelegt ist, der Auffassung nämlich, daß die Fleischzapfen der Papilionidenlarven schon ihrer Stammform eigneten, und daß von allen europäischen Papilioniden *Zerynthia polyxena* diesen primitiven larvalen Charakter in allen Ständen am ausgeprägtesten bewahrt hat. Schon GRUBER (S. 482) hat aber 1884 durch seine Studien an *Pap. brevicauda, machaon, asterias, turnus, troilus, ajax, philenor* den Nachweis erbracht, daß das Borstenkleid (setal pattern) der Papilionidenlarven regressiv durch Schwund borstentragender Fleischzapfen oder Warzen entsteht, und SCHIERBEEK selbst spricht es aus, daß die regressive Entwicklung der „verrucae" eine Schwierigkeit für seine Theorie bedeute. Trotzdem sagt er (S. 391): „The disappearance of the verrucae on the *Papilionidae* ... could then be used as an argument in this direction (der Ablehnung nämlich). However, it seems to me, that this hypothesis should not be accepted. As far as I can judge, the verrucae in all the families are formed from simple setae."

Wir werden in dieser Arbeit zu keiner Stellungnahme zu der Ansicht SCHIERBEEKS gelangen und können das auch gar nicht. Denn unsere Fragestellung ist ja eine viel engere. SCHIERBEEK sucht zu einer allgemeinen, alle Insectenordnungen umfassenden Ableitung zu gelangen, während diese Arbeit damit zufrieden ist, wenn ihr die phylogenetische Ableitung der Nackengabel gelingt und sie damit eine Anschauung über die den Papilioniden und Pieriden gemeinsame Urform ihrer Larven zustande bringt. Für SCHIERBEEK (S. 402) ist die Entwicklung in der Reihe Seta-Verruca notwendig ein reversibler Prozeß; wir aber halten auch darin an der Beobachtung fest, wenn wir behaupten: In der Entwicklung der Stände bei den Papilioniden ist die Reihe verruca-seta irreversibel und folgt dem Gesetz von DOLLO.

Wenn trotzdem im folgenden dem strukturellen Aufbau der Borsten jede nur mögliche Aufmerksamkeit gewidmet wurde, so geschah das aus der Ansicht heraus, daß mit den Ergebnissen der vergleichend-morphologischen Forschung die anatomisch-histologische Untersuchung nicht Schritt gehalten hat, ja nicht einmal bis zur Stellung des Problems vorangeschritten ist. Und doch erscheint es sehr wichtig, angeben zu können, was man sich hinzuzudenken habe, wenn die Reihe Seta-Verruca (Warze, Dorn, Scheindorn, Fleischzapfen) progressiv aus der Borste sich entwickelt, oder was hinwegzudenken sei, wenn umgekehrt die Entwicklung regressiv die Fleischzapfen, Dornen, Warzen in die Seta vereinfacht.

Will man für die phylogenetische Erkenntnis nicht überhaupt auf anatomisch-histologisch fest umrissene, durch eingehende Untersuchung sichergestellte Vorstellungen verzichten, so erscheint es also durchaus notwendig, zunächst einmal einen möglichst umfassenden Unterbau in dieser Hinsicht durch die anatomisch-histologische Bearbeitung der Seta und ihrer sogenannten Homologa zu errichten.

Die Durchführung der Untersuchung der Fleischzapfen war mit mannigfachen Schwierigkeiten verknüpft. Während sich nämlich die von P. SCHULZE angewandte Fixierung durch das Gemisch von CARNOY als so vorzüglich erwies, daß trotz der langen Aufbewahrung histologische Studien noch gut möglich waren, hatte andererseits die fast fünfjährige Einwirkung des Alkohols das Chitin so spröde und glashart gemacht, daß das gewöhnliche Einbettungsverfahren über Xylol völlig versagte. Es wurde deshalb das Xylol durch Schwefelkohlenstoff ersetzt. Es gelang zwar, auf diese Weise zum Ziele zu kommen. Die Herstellung von Schnittserien blieb aber mit hohem Unsicherheitskoeffizienten belastet. Da ich nur beschränktes Material besaß, so wich der schwere Druck eines unzulänglichen Verfahrens erst, als ich im Sommer 1922 zu dem von P. SCHULZE ausgearbeiteten *Diaphanolverfahren* übergehen konnte, das jede technische Schwierigkeit spielend beseitigte. Mit dem Entwässern wurde gleichzeitig eine Durchfärbung des ganzen Objektes mit Lichtgrün S in der Weise ausgeführt, daß statt des reinen 93 proz. Alkohols eine $1/4$ proz. Lösung des Farbstoffes auf 24 Stunden zur Verwendung kam. Die Differenzierung mit NH_3-Alkohol erwies sich als unnötig. Das geschah vielmehr in ausreichendem Maße durch den abs. Alkohol und schließlich auch noch durch das Tetralin-Alkoholgemisch. Die Untersuchung wurde in der Hauptsache an *Zerynthia* (*Thais*) *polyxena* SCHIFF durchgeführt. Zum Vergleich wurde für einzelne Fragen *Zerynthia rumina medesicaste* ILLIG aus Südfrankreich, für die ich wieder Herrn Prof. Dr. P. SCHULZE zu danken habe, und *Papilio xuthus* und *Pap. clythia* herangezogen, die ich von Herrn Dr. phil. h. c. R. MELL mit herzlichem Danke seinen südchinesischen Sammlungen entnehmen durfte.

Um von vornherein die Möglichkeit zu haben, korrelative Beziehungen zwischen den Fleischzapfen des Thorax und des Abdomens zu erkennen, — W. MÜLLER hatte solche rein morphologisch in der Bedornung der Nymphalidenlarven angegeben —, und um rhythmische oder periodische Schwankungen in der Entwicklung der Gewebe aufzeigen zu können, war es nötig, die ganze Larve von 2—3 cm Länge in 10 μ-Schnitte zu zerlegen. Außerdem wurden alle sechs Zapfen eines Segmentes quer geschnitten. Die Färbung geschah mit Hämatoxylin nach DELAFIELD-VAN GIESON-Lösung.

Die Untersuchung der Fleischzapfen von *Zerynthia polyxena* zeitigte die folgenden Ergebnisse, auf die ich, soweit sie schon im Zool. Anz.

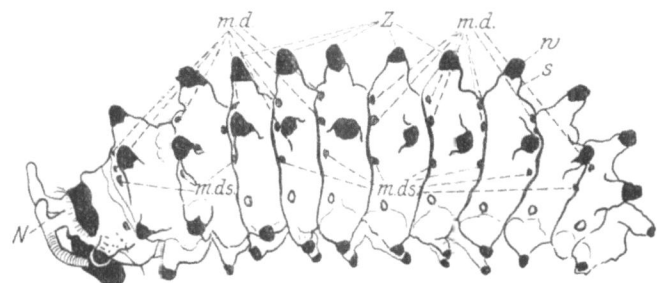

Abb. 8. Larve der letzten Stände von *Zerynthia* (*Thais*) *polyxena* SCHIFF. mit ausgestülpter Nackengabel (N). $m.d.$ dorsale Farbflecke, $m.ds.$ dorsolaterale Farbflecke, $z.$ Fleischzapfen, $w.$ Warzenteil, $s.$ Stammteil. 4:1.

Bd. 57 Nr. 1/2, 1923, veröffentlicht worden sind, hier nur ganz kurz und ausführlicher nur da einzugehen brauche, wo die Gestaltung der Seta selbst zur Frage steht.

Abb. 8 zeigt, daß wir an den Fleischzapfen zwei Teile zu unterscheiden haben, den Stammteil (s) und den Warzenteil (w). Im ersten Stande trägt nur der letztere die Bewehrung durch die Setae. Diese Warzenhaare sind nach W. MÜLLER also primäre. Auf dem Stammteil dagegen erscheinen die Setae erst nach der ersten Häutung und sind daher als sekundär zu bezeichnen.

Die anatomisch-histologische Ausbildung ist sowohl für die primären wie die sekundären Haare die gleiche und entspricht durchaus dem, was O. HAFFER bei den Haaren der Saturnidenraupen gefunden hat. Wie bei diesen ist auch beim Haar der *Zerynthia*-Larve die trichogene Zelle z_1 HAFFERS mächtig ausgebildet, und ebenso wie dieser Autor darf man wohl aus dem Auftreten von Secretbahnen, die noch stärker und zahlreicher als bei *Saturnia* entwickelt sind, den Schluß ziehen, daß die Zelle z_1 nicht nur als Haarbildnerin, sondern auch als Drüsenzelle tätig ist (HAFFER, S. 125, Abb. 11a—d).

Die Abb. 9 und 10 zeigen Querschnitte durch den Trichoporus, in denen die Zelle z_1 in ihrem oberen Teile getroffen ist. In Abb. 9 sehen wir eine einzige Secretbahn, Abb. 10 zeigt deren sogar acht (sb).

Ebenso wie bei *Saturnia pyri* SCHIFF. ist auch bei den Larven von *Zerynthia polyxena* die trichogene Zelle ohne jede Nebenzelle, die etwa die Abscheidung des Basalmembranstückes unter der Haarzelle für diese zu übernehmen hätte (HOLMGREN, zitiert bei HAFFER, S. 141), in den syncytialen Verband der Hypodermis eingefügt. Die Zelle z_2 HAFFERS, die nach ihm (S. 132) den Pfannenteil des Haargelenkes ausscheidet (HAFFER, S. 134, Abb. 24), habe ich auf keinem meiner Längsschnitte gefunden. (Siehe dazu die erklärende Bemerkung HAFFERS

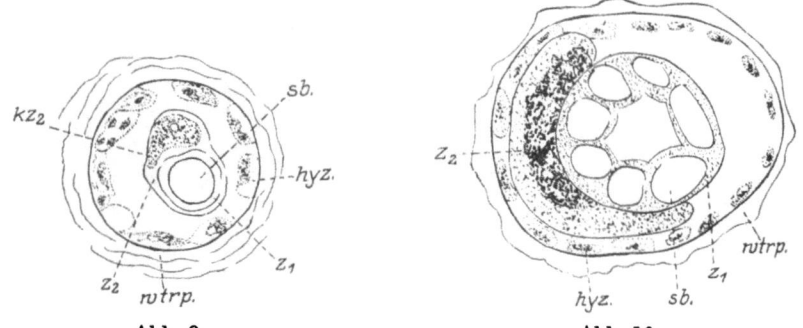

Abb. 9.   Abb. 10.

Abb. 9 u. 10. *Zerynthia polyxena*. Schnitt durch einen Trichoporus. *hyz.* Hypodermis,,-Zelle", *sb.* Secretbahn, z_1 trichogene Zelle, z_2 „Pfannenteil"-Zelle, kz_2 Kern derselben, *wtrp.* Wand des Trichoporus.

S. 136.) Doch sind die Querschnitte der Abb. 9 und 10 den Bildern der Abb. 21 in der Arbeit HAFFERS so überaus ähnlich, daß man die Zelle z_2 wohl als diese Bildungszelle des Pfannenteiles ansprechen muß.

Der Pfannenteil selbst (Abb. 11 *pf*) ist anders als bei den Saturnidenlarven entwickelt: Während er am oberen Ende ungeteilt bleibt und sich dem Chitinglöckchen (*chs*) anlegt, das sich auf der Cuticula erhebt, teilt er sich an seinem unteren, der Leibeshöhle zugewandten Ende grob schwalbenschwanzförmig. Über das weitere Schicksal dieser Gabelung kann ich insofern nicht mit aller Bestimmtheit aussagen, als ich unter Hunderten von Schnitten nur einen einzigen besitze, der die in Abb. 11 dargestellten Einzelheiten alle zugleich aufweist.

Die obere Gabel des schwalbenschwanzähnlichen Endstückes geht also in einen Chitinring (*chr*) über, der die Gelenkpfanne für die Auswölbung des Haarschaftes (Abb. 11 *h*) abgibt. Der untere Gabelast dagegen verlängert sich in ein Chitinband (= Membran) (Abb. 11 *chb*), das sich am Haarschaft auf diesen umschlägt. Dieses Chitinband (= Membran) würde als das untere der Haargelenkhöhle zu bezeichnen sein. Bei den *Saturnia*-Larven hat O. HAFFER nämlich (HAFFER, S. 127, Abb. 4a, S. 135, Abb. 25) am oberen Ende des Pfannenteiles schon ein Band gefunden. Dieses ist auch bei *Zerynthia polyxena* vorhanden und hier dann natürlich als oberes zu bezeichnen (Abb. 11 *chbo*).

Wir hätten also bei *Zerynthia polyxena* eine richtige gegen den Trichoporus durch das untere Gelenkband, den Pfannenteil und das obere Gelenkband abgeschlossene Gelenkhöhle. Es wäre denkbar, daß diese so komplette Ausbildung zusammenhinge mit dem Besitz des Osmateriums und dem Ausstülpungsvorgang desselben, den ja P. SCHULZE (S. 214) als einen der Pressung aufgezeigt hat.

In der Anordnung der Setae auf dem Stammteil habe ich eine Gesetzmäßigkeit nicht auffinden können, obgleich es bei Lupenbetrachtung immer wieder überrascht, zu sehen, wie auch bei den Larven, die sich beim Abtöten in der Fixierungsflüssigkeit irgendwie gekrümmt haben, in jedes Räumchen der Körperoberfläche ein Setaspieß hineinragt, so daß man es kaum versteht, wie ein Jägerinsect auf dieser Beute Fuß fassen kann.

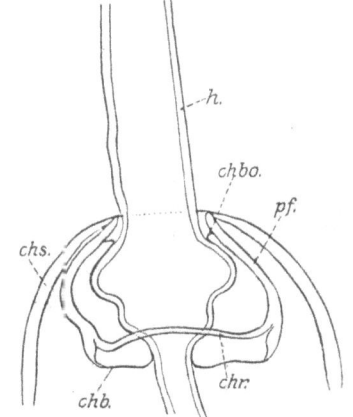

Abb. 11. Längsschnitt durch ein Haar von *Zerynthia polyxena*. *chb.* unteres Chitinband (Membran), *chbo.* oberes Chitinband, *chs.* Chitinsockel (-glöckchen), *chr.* Chitinring, *h.* Haar.

Die Anordnung der oberen Setae auf dem Warzenteil ist insofern interessant, als sich aus ihr ein starker Anklang an die Stellung der Haare auf den Sternwarzen der Saturnidenlarven ergibt. Drei, meist jedoch vier Setae stehen auf der Kuppelspitze des Warzenteiles so, daß ihre Drüsenzellen dicht nebeneinander in den Kuppelhohlraum hineinziehen. Es entsteht auf diese Weise eine Kammerung des Warzenraumes, die sich besonders deutlich im ersten Stand bei *Zerynthia rumina medesicaste* ILLIG beobachten ließ. Diese Anordnung der Setae auf dem Warzenteile war denn auch der Anlaß zu seiner Benennung, um so die Analogie zu den Sternwarzen der Saturniden herauszuheben (HAFFER, S. 116/117, Abb. 4, 5, 6).

Die Untersuchung der Fleischzapfen selbst zeitigte die folgenden Ergebnisse, mit deren Zusammenfassung ich mich unter Hinweis auf die eingangs erwähnte Veröffentlichung im Zool. Anz. hier wohl begnügen darf (WEGENER, S. 37):

„1. Die Fleischzapfen der Larven von *Zerynthia* (*Thais*) *polyxena* sind Bildungsherde von Hämocyten.

2. Unter Zugrundelegung der Einteilung der Hämocyten von PAILLOT wurde gezeigt, daß die stark vacuolisierten distalen Zellen der Fettgewebestränge in den Fleischzapfen bei Larven des zweiten bzw. dritten Standes Herde der Proleucocyten sind. Die Cuticula der Larven zeigt dabei keine Anzeichen der Häutung.

3. Micronucleocyten entstehen aus der Hypodermis bei den Larven der letzten Stände, die dicht vor der Häutung stehen".

4. „Sowohl Proleucocyten wie Micronucleocyten entstehen durch amitotische Vorgänge im Kern. Das Chromatin ballt sich dabei zu hintereinander gelegenen Kügelchen ab, wird ausgestoßen, wobei sich die Chromatinballen mit kleinerem oder größerem Plasmahof umgeben."

3. Kapitel.

Anatomie, Histologie und Physiologie der Nackengabel von Zerynthia (Thais) polyxena Schiff.

Schon bei der Untersuchung der Fleischzapfen hatte das gewöhnliche Einbettungsverfahren über Xylol versagt. Bei der Untersuchung der Nackengabel war das natürlich in noch viel höherem Maße der Fall, so daß auch der Ersatz des Xylols durch CS_2 nicht zum Ziele führte, obgleich ich durch diese Abänderung bei dem anatomisch-histologischen Studium der Fleischzapfen noch einigermaßen zu Ergebnissen kommen konnte. Alle Schwierigkeiten verschwanden erst, als ich *zum Diaphanolverfahren* P. SCHULZES überging. Gleich der erste Versuch ergab eine brauchbare Schnittserie und nicht nur das, die Möglichkeit, die ellipsoide Drüse, die Retractoren, die Spangen und Spitzen in den Diaphanolpräparaten bei 80facher Vergrößerng unter dem Mikroskop in situ zu sehen, ihre histologisch-anatomische Besonderheit in den gröbsten, aber doch auch charakteristischen Zügen erfassen und in der Zeichnung festhalten zu können, diese Möglichkeit bot eine Ergänzung des Mikrotomschnittverfahrens von ausschlaggebender Bedeutung.

Die Anwendung des Diaphanolverfahrens war die folgende:

Zuerst wurde das Objekt als Alkoholpräparat gezeichnet, z. B. Abb. 12, dann in Diaphanol gebleicht und erweicht, bisweilen mit Boraxcarmin-Lichtgrün S gefärbt, in Tetralin aufgehellt und nun nach dem mikroskopischen Bilde in der Zeichnung festgehalten (Abb. 14, 15 und 16). Die weitere Behandlung geschah schließlich nach dem gewöhnlichen Paraffinschnittverfahren mit einer Schnittdicke von 10 μ und der Färbung durch Hämatoxylin nach DELAFIELD-VAN GIESON-Lösung.

Das Osmaterium von *Zerynthia polyxena* erhebt sich ebenso wie das von *Papilio podalirius* L., *Papilio machaon* L., und *Parnassius apollo* L.

auf der intersegmentalen Haut zwischen Kopf und erstem Thoraxsegment. (Abb. 8 n und Abb. 12.) Bei eingestülptem Organ ist die Erectionsstelle von dem Nackenschilde bedeckt. Es ist aber nicht etwa eine besondere Öffnung in der Nackenhaut vorhanden, durch die das Osmaterium herausgeschoben würde, sondern die Nackengabel ist, rein morphologisch gesprochen, weiter nichts als eine geweihartige Ausbuckelung der intersegmentalen Haut (Abb. 12), die im Ausstülpungsvorgange durch die Hämolymphe herausgepreßt (P. SCHULZE) und beim Einstülpen gewissermaßen wie ein Handschuh mit seinen Fingern durch die Retractoren in den Brustraum der Leibeshöhle zurück,,gekrempelt" wird.

Den basalen Sockelabschnitt der Nackengabel bezeichne ich als den

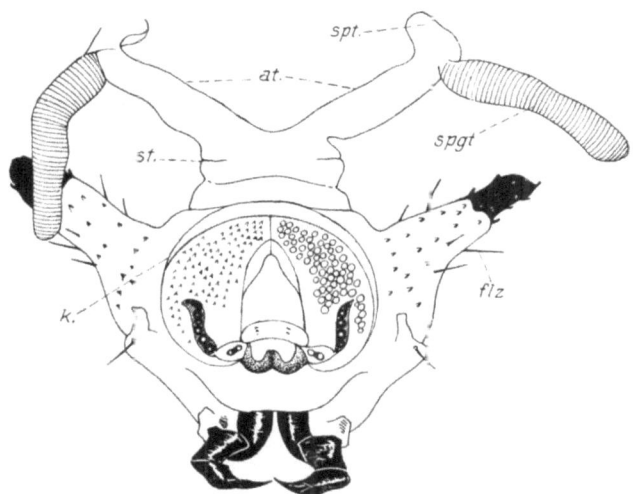

Abb. 12. Kopf und 1. Thoraxsegment von *Zerynthia (Thais) polyxena* mit ausgestülpter Nackengabel, *k.* Kopf, *st.* Stammteil der Nackengabel, *at.* Astteil derselben, *spgt.* ihr Spangenteil, *spt.* ihr Spitzenteil, *flz.* prostigmaler Fleischzapfen. 12:1.

Stammteil (Abb. 12 *st*). Wuchtig und in der Form einer zur Längsachse des Tieres quergestellten Ellipse erhebt er sich dicht hinter dem Kopfe. Mehr als ein Drittel von der ganzen Höhe des Osmateriums ragt dieser Teil auf, ehe er sich unter stumpfem Winkel in einen rechten und linken Astteil gabelt (Abb. 12 *at*). Bis in die neueste Zeit kannte man nur diese beiden Teile der Nackengabel von *Zerynthia polyxena*, und somit schien das Osmaterium auch dieser Art keine Besonderheiten gegenüber dem zu bieten, was man über die Morphologie der Nackengabeln unserer einheimischen und der tropischen Formen wußte. Immerhin hätten Ausstülpungsbilder wie die der Abb. 13 zu denken geben müssen, denn die scharfe, unter rechtem Winkel erfolgende Verdickung des Gabelastes dicht hinter der Spitze ist doch eine Erscheinung, die zur näheren Untersuchung hätte anreizen müssen. In der Tat gelang es P. SCHULZE, durch Druck auf Thorax oder Abdomen der Larve zu zeigen, daß dieser Knick der Innenkontur des Astteiles

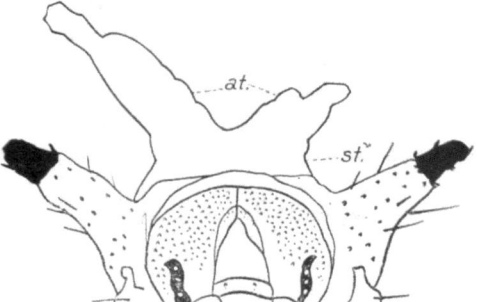

Abb. 13. Halb ausgestülpte Nackengabel von *Zerynthia (Thais) polyxena*. *st.* Stammteil, *at.* Astteil.

die Verzweigungsstelle einer neuen dichotomen Teilung auch des Astteiles darstellt. Die Ausstülpungsform der Abb. 12 ist so entstanden. Sie ist also hinsichtlich ihres äußeren Zweigteiles (Abb. 12 *spgt*) ein Artefakt.

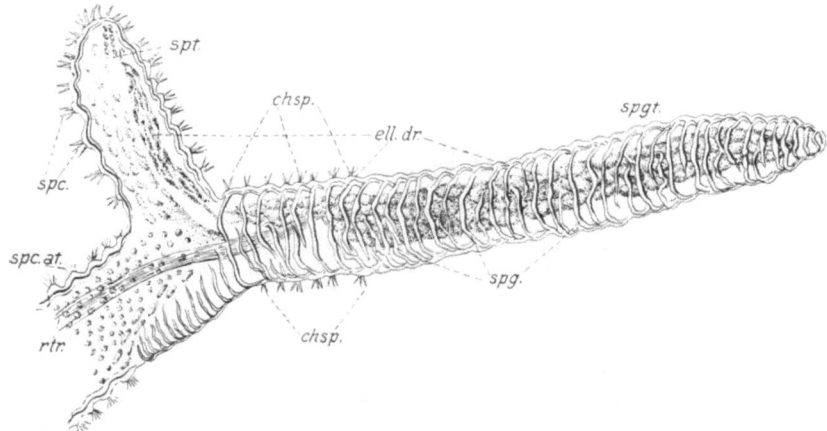

Abb. 14. Linker Gabelast des Tieres der Abb. 8. Diaphanolpräparat. *ell.dr.* ellipsoide Drüse *rtr.* Retractor derselben, *spt.* Spitzenteil, *spgt.* Spangenteil, *spc.* Spitzencuticula des Spitzenteiles, *spc.at.* die des Astteiles, *spg.* Chitinspangen, *chsp.* Chitinspinulae.

Während sowohl am Stammteil (Abb. 12 *st*), den beiden Astteilen (*at*) und dem inneren Zweigteil (*spt*) auch bei 22facher Lupenvergrößerung nichts Besonderes zu entdecken war, zeigt dagegen der äußere Zweigteil (*spgt*) die feine Ringelung, wie sie die Abb. 12 angibt.

Nach diesen morphologischen Feststellungen wurde das ausgestülpte Organ durch einen flachen Schnitt vom Körper gelöst und nach dem Diaphanolverfahren weiter untersucht.

Abb. 14 gibt das Bild des linken Gabelastes des Tieres der Abb. 12 mit dem künstlich ausgestülpten Außenzweig (*spgt*) und dem in normaler Lage befindlichen Innenzweig (*spt*). Abb. 15 zeigt ebenfalls das Diaphanolbild eines Gabelastes, und zwar des linken von *Zerynthia rumina medesicaste* ILLIG, hier aber den Außenzweig so, wie ihn das Tier beim Ausstülpungsvorgange herausschiebt: der ganze äußere Zweigteil bleibt im Astteil verborgen.

Mit überraschender Deutlichkeit enthüllen diese Diaphanolpräparate den Aufbau des bei den zwei europäischen *Zerynthia*-Arten so kompliziert gebauten Nackengabelorgans. Das mächtige drüsige Gebilde, das

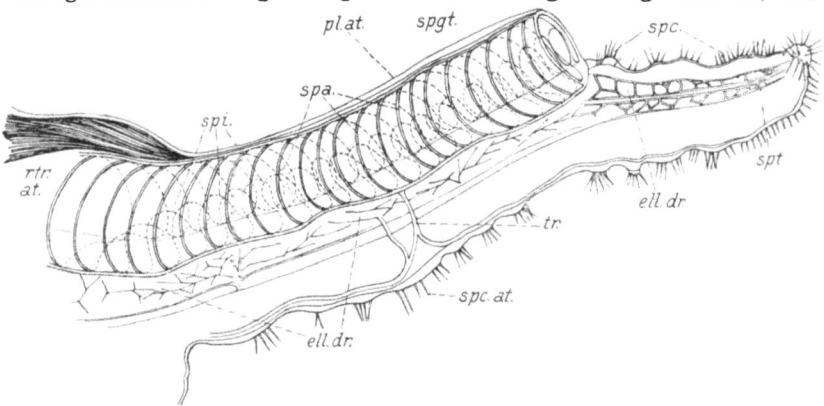

Abb. 15. Diaphanolpräparat des linken Gabelastes von *Zerynthia rumina medesicaste* ILLIG. *ell.dr.* ellipsoide Drüse, *spt.* Spitzenteil, *spc.* Spitzencuticula, *spgt.* Spangenteil, *spc.at.* Spitzencuticula des Astteiles, *spa.* äußerer Bogen einer Spange, *spi.* innerer Bogen einer solchen. *pl.at.* Plattenepithel des Astteiles, *tr.* Tracheen, *rtr.at.* Retractor des Astteiles.

in Abb. 14 von der Spitze des inneren Zweigteiles (*spt*) bis zu der des äußeren (*spgt*) hinzieht, ist die ellipsoide Drüse (*ell.dr.*).

Wir erkennen ferner die Tracheen (Abb. 15 *tr*), die bei *Zerynthia rumina medesicaste* seitlich an die Drüse herantreten; wir sehen auf dem Präparate von *Zerynthia polyxena* (Abb. 14) den langen Retractor der Drüse (*rtr*) und vermögen sogar auf beiden Präparaten die Ausmündungsstelle der ellipsoiden Drüse an der Spitze des inneren Zweigteiles (*spt*) auszumachen und sind so in der Lage, sie schon hier als Hautdrüse anzusprechen. Ganz deutlich und mächtig und mit vielmehr Einzelheiten als den in Abb. 15 eingezeichneten tritt auch der Retractor des Astteiles (*rtr.at.*) in Erscheinung.

Die Lage der ellipsoiden Drüse in dem Präparat der Abb. 14 ist natürlich ebenfalls eine künstliche. Der Druck, durch den P. SCHULZE den äußeren Zweigteil (*spgt*) zur Ansicht brachte, hat auch die ellipsoide Drüse aus ihrer normalen Lage herausgerissen. In dieser erblicken wir sie in Abb. 15 bei *Zerynthia rumina medesicaste* (*ell.dr.*). Hier liegt sie nicht *innerhalb* des ausgestülpten Außenzweiges, sondern folgt *außerhalb* dicht angeschmiegt der inneren Kontur des eingestülpten äußeren Zweigteiles, mit dem sie auf eine höchstwahrscheinlich größere Strecke hin verwachsen ist.

Am wichtigsten aber war es, daß es schon in den Diaphanolpräparaten gelang, die Hauptteile des äußeren Nackengabelapparates auch in ihren anatomischen Besonderheiten festzulegen.

Der äußere Zweigteil (Abb. 14 und 15 *spgt*) ist charakterisiert durch ein Granatkorbgerüst aus Chitinspangen (Abb. 14 *spg*, Abb. 15 *spi, spa*), die, 80—120fach hintereinander aufgereiht, es allein schon erklären, warum das gewöhnliche Einbettungsverfahren über Xylol und auch das über CS_2 so vollkommen für das Mikrotomschnittverfahren versagten. In der Abb. 15 tritt außerdem schon deutlich die merkwürdige, nach innen gerichtete, an die Gestalt der Typhlosolis des Regenwurms erinnernde Umbiegung des Teiles der Spangen in Erscheinung (*spi*), der an den Umbiegungsstellen mit der ellipsoiden Drüse verwachsen ist. (In Abb. 15 ist dieser Teil punktiert gezeichnet.)

In dem artifiziell ausgestülpten Außenast der Abb. 14 ist natürlich dieser nach innen geschlagene Teil der Spangen in die Kontur des Spangenkreises zurückgeschnellt. Dabei ist auch die ellipsoide Drüse aus ihren Verwachsungsstellen mit dem äußeren Spangenteil herausgerissen worden. Von dem Umfange der Verwachsung geben aber die Chitinspinulae (*chsp*) Kunde, welche wir am Grunde des äußeren Spangenteiles (*spgt*) bei *Zerynthia polyxena* auffinden. — Den Zusammenhang zwischen den Verwachsungsstellen der ellipsoiden mit dem äußeren Zweigteil und dem Auftreten der Chitinspinulae nehme ich hier allerdings aus den Resultaten der mikroskopischen Untersuchung voraus. Bei *Zerynthia rumina medesicaste* habe ich diese Spinulae nicht aufzeigen können. Die so ungemein charakteristische Ausgestaltung des äußeren Zweigteiles durch die Chitinspangen rechtfertigt es, wenn wir den äußeren Zweigteil als „Spangenteil" bezeichnen.

Ebenso scharf ist der innere Zweigteil durch die Spitzencuticula (Abb. 14 und 15 *spc*) gekennzeichnet; er sei daher als Spitzenteil (*spt*) weitergeführt.

Für den Astteil (Abb. 12 *at* und 15 *spc, at*) ist es bemerkenswert, daß er auf seiner inneren Fläche die Spitzencuticula trägt, während seine äußere, den Spangenteil nach unten fortsetzende Fläche die gewöhnliche, der besonderen Chitinbildungen entbehrende Cuticula der intersegmentalen Haut aufweist.

Mit Hilfe des Diaphanolverfahrens gelang es auch, wertvolle und für das Anlegen der Schnittflächen gar nicht hoch genug zu bewertende Aufschlüsse über die eingestülpte Nackengabel zu erhalten.

Abb. 16 zeigt einen Teil des Kopfes (*k*), die obere intersegmentale Haut und den Rand des Nackenschildes (*rn*). *st* ist der als flacher Wulst sich hochschiebende basale Stammteil der Nackengabel; er fängt an, sich „auszukrempeln". *bat* ist die Basis des Astteiles, deren Kontur natürlich an dieser Ausstülpungsstelle mit der des Stammteiles gemeinsam ist. Die median durch die Basis (*bat*) hindurchlaufende zackigwellige Doppellinie (*dl*) ist die Ausstülpungsstelle des Astteiles.

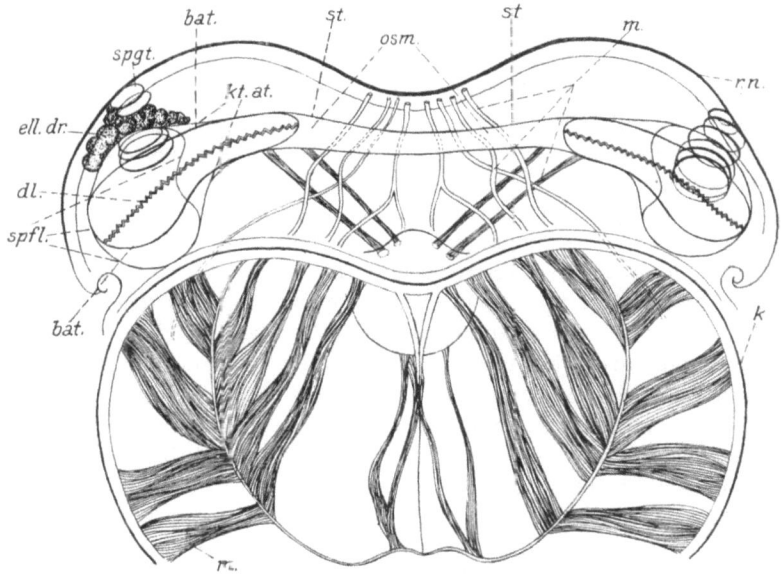

Abb. 16. Diaphanolpräparat des Kopfes und linken Thoraxsegmentes einer Raupe von *Zerynthia polyxena*, die im Begriff ist, die Nackengabel auszustülpen. *ell.dr*. ellipsoide Drüse, *k*. Kopf *m*. Muskel, *osm*. Nackengabel, *rn*. Rand des Nackenschildes, *st*. Stammteil, *bat*. Basis des Astteiles, *dl*. Ausstülpungstelle des Astteiles, *spfl*. Spitzenfläche desselben, *spgt*. Spangenteil, *kt.at*. Seitenflächenkontur des Astteiles.

Die zu dieser Basiskontur quergestellte ähnliche, aber „dickere", ist die Spitzenfläche (*spfl*) des Astteiles, von der man deutlich den eingestülpten Spangenteil (*spgt*) in das Innere des Tieres hineinziehen sieht. Die Konturlinien (*kt.at*) bezeichnen die Seitenflächen des Astteiles (*at*), welche Basis und Spitzenfläche verbinden.

Auf der rechten Kopfseite erblickt man auch die ellipsoide Drüse (*ell.dr*.). Vom Spitzenteil kam in diesem Präparate nichts zur Ansicht, eine biologisch wichtige Tatsache. Auf die schön und übersichtlich sich heraushebenden vier Paar Adductoren des Nackenschildes, auf die zwei Paar unter der intersegmentalen Haut hinziehenden Kopfmuskeln sei hier nur hingewiesen. Ich habe ihr Schicksal nicht weiter verfolgt, als es die Zeichnung angibt.

Wie glücklich das Diaphanolverfahren das so entscheidende Einstellen des Objektes für das Schneiden mit dem Mikrotom erleichtert, zeigt Abb. 17, die einen Längsschnitt durch den ganzen rechten Astteil der Nackengabel in eingestülptem Zustande von oben gesehen darstellt. *st* ist wieder der Stammteil, *at* der Astteil, und zwar ist, wie der beiderseitige Besatz der Cuticula mit Spitzen (*sp* in a, b, c, d) dartut, der Schnitt zuletzt nur durch die mit der Spitzencuticula versehene Innenfläche des Astteiles hindurchgegangen. *e, f, g, h* gehört zum Spangenteil, *spa* sind die Anschnitte der äußeren Kreissegmente des Spangenringes (siehe Abb. 15 *spa*). Die der Kontur (*e f g h*) etwa gleichlaufende (*i k l*) gehört dem nach innen geschlagenen Teile des Spangenkorbes an (*spi* der Abb. 15). Man erkennt, wie stark die Spangenteile *spa* zusammengedrückt, wie andererseits die Spangensegmente *spi* auseinander gezogen sind. Bemerkenswert ist auch das große Lumen des Spangenteiles, das man auf jedem Schnitte beobachten kann. Auch diese Tatsachen erscheinen biologisch bedeutsam.

Von *1* über *2* und *3* erstreckt sich der Spitzenteil (*spt*) (siehe auch Abb. 18) mit seiner Spitzencuticula (*spc*). Aus zeichnerischen Gründen ist er hier lange nicht so zusammengedrückt wiedergegeben, wie er sich im Präparat darstellt. In diesem liegen die flach und lang gedrückten Spitzen mit ihren Sockeln ganz eng nebeneinander. Von einem offengehaltenen Lumen wie beim Spangenteile kann keine Rede sein.

ausst ist die jetzt noch zusammengedrückte Ausstülpungsstelle. Die mediane zackig-wellige Doppellinie (*dl*) der Abb. 16 erklärt sich so aus den Punkten *4* und *5*.

Nicht übersehen darf es werden, daß wir bei gerader, nichttordierter Einstülpung den Spangenteil (*e f g h*) außen, den Spitzenteil *1, 2, 3* innen finden müßten. Auch diese Torsion ist im Vergleich mit anderen Eigentümlichkeiten im Fettgewebe der letzten Stände eine biologisch merkwürdige Form der Einstülpung. Bei dem Tier dieses Schnittes war nur der rechte Ast so tordiert.

Die ellipsoide Drüse liegt oberhalb des hier gezeigten Schnittes fast in ihrer ganzen Länge dem Spangen- und teilweise auch dem Astteile auf.

Der unten gelegene Retractor ist der des Spangenteiles (*rtr. spgt,* auch Abb. 18).

Er setzt sich mit zwei bis vier Köpfen durch kurze Tonofibrillen an und ist einer der drei Paar Retractoren des ganzen Nackengabelapparates. Die anderen sind der Retractor der ellipsoiden Drüse (Abb. 18 *retr.dr.*) und der des Astteiles (*rtr. at.* Abb. 18). Der Retractor der ellipsoiden Drüse übernimmt offenbar durch Übertragen seines Zuges auf die Grenzlamelle der Drüse und damit auf die **Basal**membran des

Spitzenteiles die Funktion des sowohl bei *Zerynthia polyxena* wie bei *Zerynthia rumina medesicaste* fehlenden Retractors des Spitzenteiles (Schlauchteil P. SCHULZES), den P. SCHULZE (S. 209) sowohl bei *Poda-*

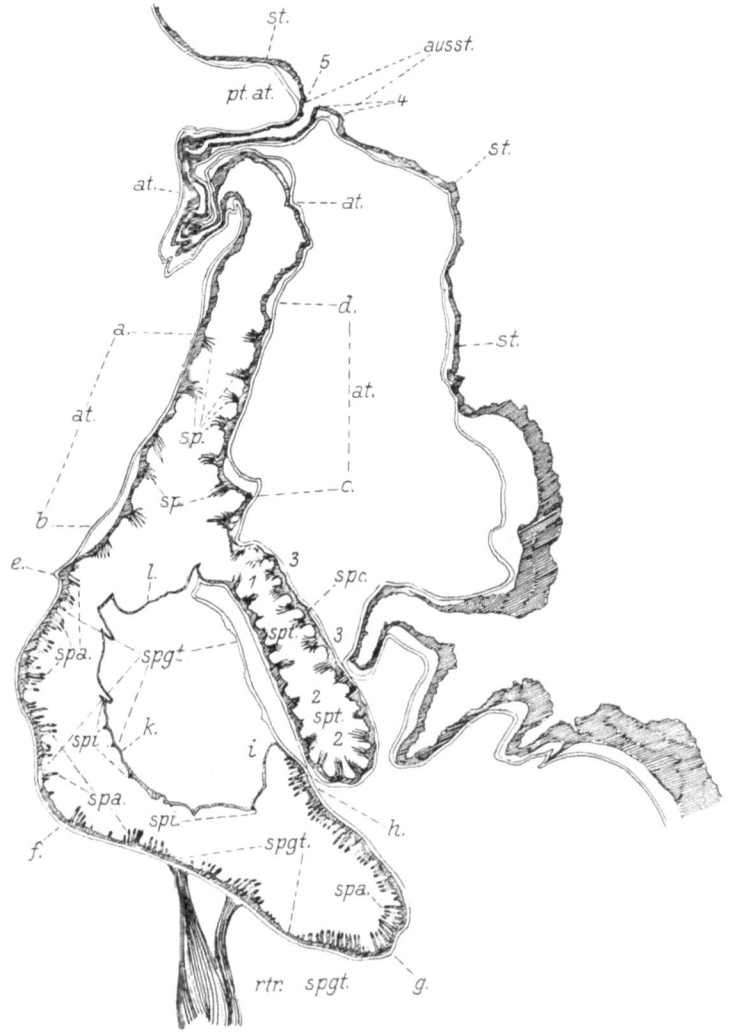

Abb. 17. Längsschnitt durch Stammteil, Ast-, Spangen- und Spitzenteil eines eingestülpten Osmateriums von *Zerynthia polyxena*. *st.* Stammteil, *at.* Astteil, *at. a. b. c. d.* Innenfläche des letzteren, *sp.* Spitzen dieser Innenfläche, *spgt.* Spangenteil, *ef. g. h.* äußere Kontur des Spangenteiles mit den Anschnitten, *spa.* der äußeren Spangensegmente, *i. k. l.* innere Kontur des Spangenteiles mit den Anschnitten, *spi.* der inneren Spangensegmente, *spt.* 1. 2. 3. Spitzenteil, *spc.* Spitzencuticula desselben, *ausst.* 4. 5. Ausstülpungsstelle, *rtr.spgt.* Retractor des Spangenteiles, *pt.at.* Plattenepithel des Astteiles.

lirius wie bei *Machaon* an den merkwürdigen „Chitinklöppeln" der Spitzencuticula sich ansetzen sah.

Die Ausstülpungsform der Nackengabel bringt uns Abb. 19. Es ist das Exemplar der Abb. 15. Dieser Längsschnitt spricht von selbst für die Vorzüge, die das durchsichtige Diaphanolpräparat gerade für die

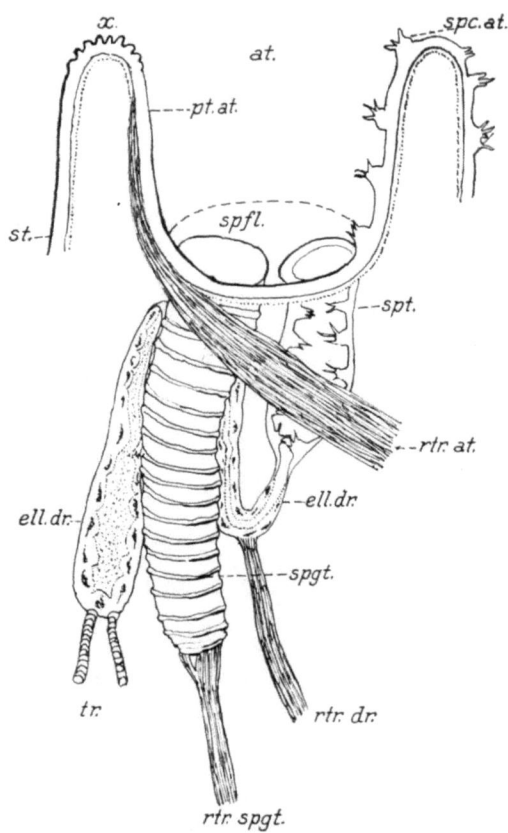

Abb. 18. *Zerynthia polyxena*. Schematische Darstellung der rechten Hälfte eines eingestülpten Osmateriums. *st.* Stammteil, *x.* Hauptbiegungsstelle desselben, *at.* Astteil, *pt. at.* Plattenepithel des Astteiles, *spc.at.* Spitzencuticula desselben, *sp.fl.* Spitzenfläche desselben, *ell.dr.* ellipsoide Drüse, *tr.* Tracheen, *spt.* Spitzenteil, *spgt.* Spangenteil, *rt.at.* Retractor des Astteiles, *rtr.spgt.* Retractor des Spangenteiles.

Einstellung bietet. Um die Schwierigkeit dieser Einstellung zu kennzeichnen, sei erwähnt, daß die Dicke des Osmateriums etwa 0,5 mm, die Entfernung zwischen den Enden der beiden Spitzenteile etwa 10 mm und die Länge des Gabelastes etwa 8 mm beträgt. *spt* ist wieder der Spitzenteil. (Die Spitzencuticula ist nur links angedeutet.) *spgt* ist der

Spangenteil. Während der erstere ausgestülpt ist, bleibt der letztere eingestülpt in seiner normalen Lage. Die Öffnung des Spangenteiles, also seine Grundfläche, liegt in der Ebene, die wir in Abb. 16 (vgl. auch Abb. 15 und 18) als Ausstülpungsebene, Spitzenfläche (*spfl*) des Astteiles bezeichneten. Diese Ebene (Abb. 19 *spfl*) grenzt auch den Spitzenteil nach unten ab und bildet seine Basis (siehe wieder Abb. 15

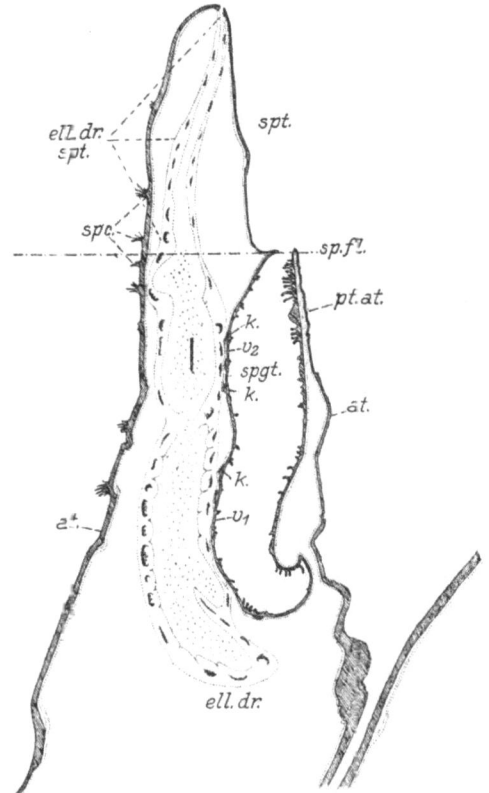

Abb. 19. Längsschnitt durch einen Gabelast von *Zerynthia rumina medesicaste* ILLIG. *Spt*. Spitzenteil, *spc*. Spitzencuticula, *spgt*. Spangenteil, *spfl*. Spur der Spitzenfläche des Astteiles, *at*. Astteil, *ell. dr*. ellipsoide Drüse, *pt. at*. Plattenepithel des Astteiles, $v_1 v_2$ Verwachsungsstellen der ellipsoiden Drüse mit dem Spangenteil, *k*. Kerne der Hypodermis des Spangenteiles.

und 18 *spfl*). Unterhalb dieser Ein- und Ausstülpungsebene für Spangen- und Spitzenteil beginnt der Astteil, der hinter der Ansatzfläche seiner Retractoren in den basalen Stammteil übergeht (siehe Abb. 15 und 18 *rtr. at.*).

ell. dr ist die ellipsoide Drüse, die auf einen beträchtlichen Teil ihrer Länge getroffen ist. Sie reicht aber immerhin noch um ein weiteres Drittel des hier Dargestellten mehr nach unten in die Thoraxhöhle hinein.

Histologisch ist für den Stammteil (Basalstück P. SCHULZES, S. 183) irgendeine Besonderheit gegenüber dem, was P. SCHULZE für *P. machaon, Pap. podalirius, Parn. apollo* gefunden hat, nichts hinzuzufügen. Die Hypodermis des Stammteiles stellt auch bei *Zerynthia* ein Plattenepithel dar, das mit mehr oder minder quadratisch ausgestatteten Zellkomplexen wechselt. Die Anordnung in diesem Wechsel, wie sie P. SCHULZE bei seinen sagittalen Schnitten durch die Nackengabel der von ihm studierten Arten genau verfolgt hat, habe ich nicht untersuchen können. Nur auf die funktionelle Anpassung an die besondere Bewegungsmöglichkeit der Einstülpungsstellen mit ihrer zerklüfteten und gekerbten Cuticula dicht hinter den Ansatzstellen des Astteilretractors möchte ich besonders hinweisen (Abb. 18 und 20 *x*) (siehe auch P. SCHULZE, S. 192).

Der Astteil ist teilweise durch den Besitz einer Spitzencuticula (*spc.at* Abb. 14, 15, 18, 20) ausgezeichnet. Diese Cuticulaausbildung findet sich aber, soweit ich sehen konnte, nur auf dem Teile seiner Oberfläche, der die Fortsetzung der Oberfläche des Spitzenteiles bildet, während die Fortführung der Spangenteiloberfläche lediglich ein relativ dünnes Plattenepithel bildet (Abb. 15 *pl.at.*, 17, 18, 19 *pt.at*).

Die Kerne aller dieser Gewebe sind groß. Sie sind alle, auch die der ellipsoiden Drüse, ausgezeichnet durch ihre bedeutende Plastizität, so daß ihre Formen, so darf man wohl sagen, sich durchaus der des sie umscheidenden Chitins anpassen. Ihre Gestalt variiert also mit der Darstellungsform der Nackengabelorgane. Um nur einen allgemeinen Zug herauszuheben: In der ausgestülpten Nackengabel verläuft die Hauptlängsrichtung der Kerne in der Nebenachse der Zellen, während bei der so vielfach gefalteten Einstülpungsform der längste Kerndurchmesser ebenso oft in der Zellenhauptachse gelegen ist.

Auf diese Tatsache hat schon P. SCHULZE (S. 190 und Abb. 3 Taf. 12) für junge *Podalirius*-Raupen hingewiesen.

Das Bild einer Spitze der Spitzencuticula gibt Abb. 21. Wie schon die Gestalt des Kernes (*k*) zeigt, entstammt das Präparat einem fast ausgestülpten Nackengabelteile. Wie bei *Pap. podalirius* und *machaon* (P. SCHULZE, S. 194 Abb. B) beginnt die „Spitze" mit einem basalen Sockel. Dieser verjüngt sich nach oben und endigt mit einem polypenkopfähnlichen Kranz von sechs und mehr Spitzen. Auffallend sind die Faltensysteme, die von der Basis des Gebildes nach den Spitzen hinziehen und wahrscheinlich irgendwie in diese hinein sich fortsetzen.

Wie P. SCHULZE (S. 214), erblicke ich die physiologische Bedeutung der Spitzencuticula nicht nur darin, daß sie im eingestülpten Nackengabelorgan das gänzliche Zusammendrücken des Ast- und Spitzenteiles durch Fettgewebe, Muskeln, Darm verhindert, sondern ihre nicht weniger wichtige andere Funktion besteht auch darin, daß die Spitzen das Secret der ellipsoiden Drüse auffangen und auf eine größere Oberfläche zwecks schnellerer Verdunstung verteilen (KLEMENSIEWICZ). Bei der Verteilung auf eine größere Oberfläche dürfte dem Faltensystem der Spitzen die Hauptrolle zufallen.

Phylogenetisch erscheint dieser Befund sehr interessant. Schon P. SCHULZE (S. 194/195) hat festgestellt, daß die Ausbildung der Spitzencuticula bei *Parnassius apollo*, *Papilio machaon* und *podalirius* drei Stufen unterscheiden läßt, deren einfachste (S. 195) ,,durch *Parnassius apollo*, deren höchste, am weitesten entwickelte durch *Pap. podalirius*

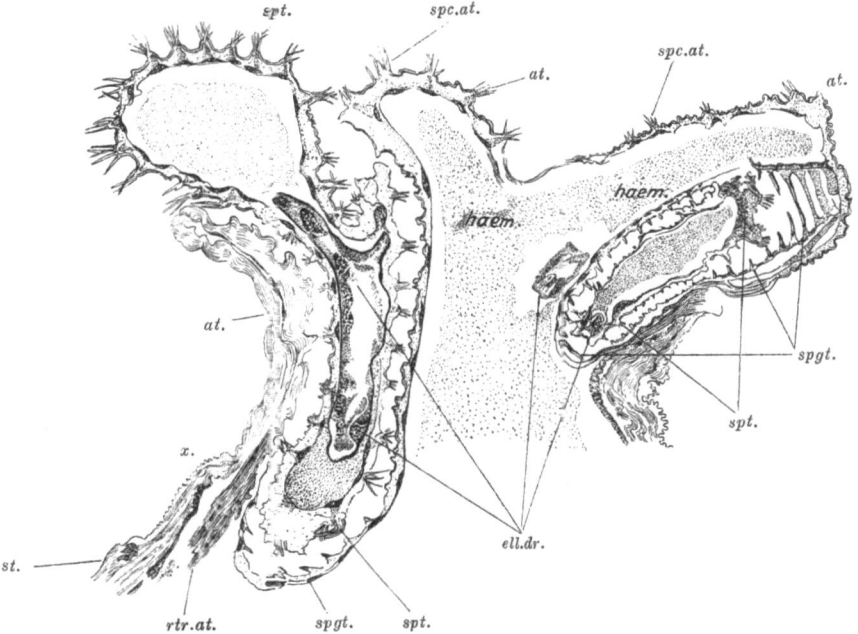

Abb. 20. Frontalschnitt durch ein normal ausgestülptes Osmaterium von *Zerynthia polyxena*. *st.* Stammteil, *at.* Astteil, *spc.at.* Spitzencuticula desselben, *spt.* Spitzenteil, *ell. dr.* ellipsoide Drüse, *haem.* Haemolymphe, *rtr. at.* Retractor des Astteiles, *x.* Cuticula der Hauptbiegungsstelle des Stammteiles.

repräsentiert wird, während *Pap. machaon* eine Mittelstellung einnimmt (Textabb. B)'' und, so dürfen wir jetzt hinzufügen, über die Ausbildung der Spitzencuticula bei *Podalirius* geht *Zerynthia* noch hinaus. Sowohl *Pap. podalirius* wie *machaon* und erst recht *Parnassius apollo* zeigen, absteigend geordnet, also die Spitzengebilde ihrer Cuticula in sekundär vereinfachten Formen.

Wie die Ansicht über die physiologische Funktion der Spitzen es schon folgern läßt, geht die Entwicklung der Spitzencuticula der ellipsoiden Drüse parallel. Wir haben also hier nicht nur ein interessantes

Beispiel für eine Organkorrelation, sondern auch einen Grund mehr für die Ansicht, die in der *Zerynthia*-Larve eine primitive Form (P. SCHULZE, S. 237, 239) und in der Nackengabel speziell ein Gebilde von besonderer phylogenetischer Bedeutung sieht.

Die Entwicklung der Spitzencuticula ist sowohl auf dem Spitzenteile wie auf der ihn fortsetzenden Innenfläche des Astteiles die gleiche. P. SCHULZE (S. 189) hat die Spitzencuticula mit einer Kette von Bergmassen verglichen, die von tiefen Tälern durchbrochen wird. Der einzige Unterschied zwischen Ast- und Spitzenteil würde der sein, daß bei diesem die Täler enger sind, die Berghöhen also schneller aufeinander folgen oder, weniger bildlich, der Spitzenteil ist enger mit Spitzen besetzt als der Astteil. Und das ist bedingt durch die einzige Funktion,

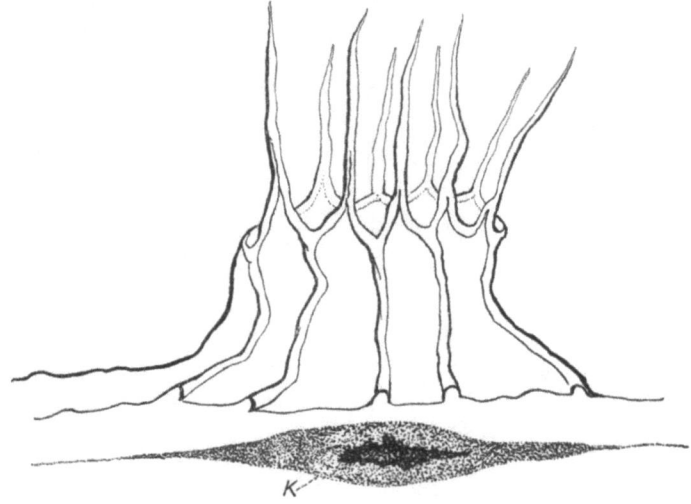

Abb. 21. Spitze der Spitzencuticula von *Zerynthia polyxena*. *k*. Kern.

die der Spitzenteil bei *Zerynthia* im Gegensatz zu *Pap. podalirius, Pap. machaon, Parnassius apollo* haben dürfte, der Funktion nämlich, das Secret der ellipsoiden Drüse aufzufangen und zur Verteilung zu bringen. Bei den drei letztgenannten Arten besitzt er, wie P. SCHULZE (S. 195 bis 207) nachgewiesen hat, nicht bloß diese Funktion, sondern die Kerne seiner Cuticula haben auch noch Drüsenzellencharakter. Es gelang P. SCHULZE, ihre interessante Secretionsphase aufzuzeigen, und er konnte so der Ansicht LEYDIGS zum Siege verhelfen, der auch schon in dem Spitzenteile einen secernierenden Abschnitt der Nackengabel vermutet hatte. Bei den *Zerynthia*-Larven habe ich keine Andeutung für eine secretorische Funktion in den Kernen der Spitzencuticula aufzeigen können. Sie sind zwar im ausgestülpten Organ ebensolang ausgezogen, wie es P. Schulze als erste Phase der Secretbildung geschildert hat (S. 199 bei *Machaon*), diese Verlängerung dürfte bei *Zerynthia* aber weiter nichts sein als ein Ausdruck der Plastizität der Kerne, die ja für diese Gattung als charakteristisch aufgezeigt wurde, und so finden wir denn auch in den noch gefalteten, eingestülpten Teilen des Spitzen- und Astteiles alle möglichen Kernformen, die in ihren Konturen den Umriß der zusammengedrückten, gefalteten oder auseinander gezogenen Zellwand wiedergeben (vgl. P. Schulze, Gestalt der Kerne der Muskulatur, S. 208). Bei den *Zerynthia*-Larven dürften denn die Kerne wohl auch keine andere als eine nutritive Funktion haben, und ihre Größe wird verständlich, wenn wir daran denken, welche elastischen Anforderungen an das Nackengabelorgan beim Ein- und Ausstülpungsvorgang gestellt werden.

Die Untersuchung der ellipsoiden Drüse zeigt außerdem, daß hier ein Funktionswechsel vorliegt, indem bei *Pap. machaon*, *Pap. podalirius* und *Parnass. apollo* der Spitzenteil einen Teil der Funktion dieses Organs übernommen hat (Abb. 2). Während nämlich, wie P. Schulze als erster bei unseren einheimischen *Papilio*-Arten und unserem *Parnassius apollo* nachwies, wie ich selbst an *Papilio xuthus* und *Papilio clythia* sah, der Zellenkomplex der ellipsoiden Drüse einen verhältnismäßig geringen Raumteil des Osmateriums beansprucht, zeigt sich dagegen bei den *Zerynthia*-Larven, sowohl bei *polyxena* wie bei *rumina medesicaste*, die ellipsoide Drüse geradezu als der beherrschende Bestandteil der ganzen Nackergabel.

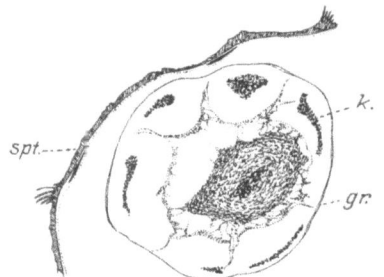

Abb. 22. Schnitt durch den Spitzenteilabschnitt der ellipsoiden Drüse von *Zerynthia polyxena*. *spt.* Spitzenteil, *gr.* Grenzlamelle, *k.* Kern.

Bei den Larven des Genus *Zerynthia* zieht die ellipsoide Drüse von der Spitze des Spitzenteiles (siehe Abb. 14, 15, 18, 19) zunächst zum Spangenteile, folgt diesem auf seiner ganzen Länge, dabei mit ihm teilweise verwachsend, und ragt dann noch weit in die Brusthöhle hinein, in der sie bei *Zerynthia polyxena* durch zwei in sie hineinmündende Tracheenäste festgehalten wird (Abb. 18 *tr*). Die Drüse wird umscheidet von der doppelwandigen Grenzlamelle (Abb. 22 *gr*), die auch P. Schulze schon bei seinen Untersuchungsobjekten aufgezeigt hat.

Auch die Zellen selbst zeigen die größte Ähnlichkeit mit den Bildern, wie sie P. Schulze gegeben hat. Zu völlig ausschöpfenden Resultaten konnte ich in cytologischer Hinsicht bei meinem alten Material natürlich nicht kommen. Immerhin ließ sich alles Wesentliche, die Zerklüftung und „Zerknüllung" der Kerne in der Secretionsphase

(P. SCHULZE, S. 204), die „Ausfransung" des apicalen Zellplasmas (P. SCHULZE, S. 203), die intracytären Secretlacunen und -bahnen, die intercellulären nach außen gerichteten Spalten, die Verbindung der Zellen zu einem Syncytium nach dem Innern der Drüse zu, das alles ließ sich unschwer erkennen und gestattete die sichere Identifizierung mit den Gebilden, die P. SCHULZE bei *podalirius, machaon, Parnassius apollo* aufgefunden und als ellipsoide Drüse beschrieben hat. Auch darin stimmen die Organe überein, daß sie ihr Secret, bei *Zerynthia* allerdings nur dann, *wenn der Spitzenteil nicht auch mit ausgestülpt wird*, ohne besonderen Ausführungsgang abgeben. Bei *Podalirius* geschieht das in den Hohlraum hinein, den die „Dämme" abgrenzen und einengen (Abb. 2), bei *Machaon* durch die cuticuläre Haut, welche den Drüsenraum nach außen abschließt (Abb. 3), bei *Parnass. apollo* durch ausgesparte dünne Chitinfenster des dicken Deckels, welcher der *Parnassius*-Drüse ihr so ganz merkwürdiges Aussehen verleiht (Abb. 4), und beim Genus *Zerynthia* schließlich durch die Wand des Spangenteiles hindurch an den Stellen, an denen die ellipsoide Drüse mit diesem Organteil verwachsen ist (Abb. 19 v_1, v_2). Eine solche Verwachsungsstelle ist in Abb. 23 in größerem Maßstabe dargestellt. Wir sehen, wie in $v_1 v_2$ die Grenzlamelle der Drüse in die Basalmembran der Cuticula des Spangenteiles übergeht, und wie (k_1, k_2, k_3) die Kerne der Cuticula des Spangenteiles mit denen der ellipsoiden Drüse alternieren. Von den intercellulären Lücken, die das Secret an den Spangenteil heranführen, sehen wir in dieser Abbildung nichts. Sie sind denn auch in dem Präparat unseres Bildes, das einer ausgestülpten Nackengabel (Abb. 19) entstammt, durch den Zug der gedehnten Drüse geschlossen. An Präparaten aus dem eingestülpten Organ dagegen hat es den Anschein, als ob die intracytären Secretbahnen und die intercellulären Lücken solchen in der Wand des Spangenteiles entsprechen.

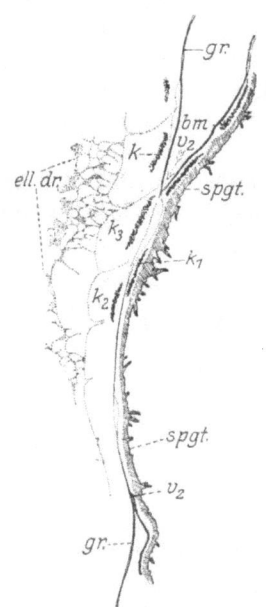

Abb. 23. Verwachsungsstelle v_2 der Abb. 23 größer dargestellt. *ell. dr.* Syncytium aus der ellipsoiden Drüse, k k_2 k_3 Kerne derselben, *gr.* Grenzlamelle, *spgt.* Spangenteil, *bm.* Basalmembran des Spangenteiles, k_1 Kern der Hypodermis des Spangenteiles.

Man muß beachten, daß die ellipsoide Drüse höchstwahrscheinlich in zwei Weisen secerniert, einmal in der Ausstülpungsform *ohne ausgestoßenen Spitzenteil* (Abb. 24) ebenso wie bei *Podalirius* usw. durch die Wand des Spangenteiles hindurch, das andere Mal in der Ausstül-

pungsform der Abb. 15, — *Spitzenteil also ausgeschnellt*, — sind die intercellulären Lücken mechanisch durch die Verkleinerung des Querschnittes geschlossen, welche die ellipsoide Drüse durch ihre Dehnung im Ausstülpungsvorgang erfährt.
Dafür secerniert die Drüse jetzt in den Centralraum zwischen

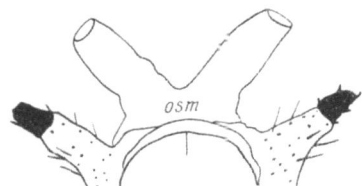

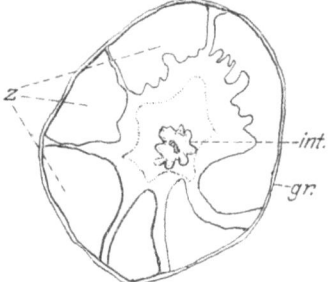

Abb. 24. Ausstülpungsform ohne heraustretenden Spitzenteil einer Nackengabel von *Zerynthia polyxena*, *osm.* Osmaterium.

Abb. 25. Querschnitt durch die ellipsoide Drüse, *z.* Zellen, *gr.* Grenzlamelle, *int.* Intima?

ihren Zellen das ganze Excret hinein, das durch ihren gangähnlich ausgestalteten, im Spitzenteil steckenden Endabschnitt auf die Spitzencuticula dieses Nackengabelteiles sich ergießt (Abb. 19 *ell.dr.spt.*).

Es ist biologisch interessant, daß das Secret der ganz ausgestülpten Nackengabel intensiv und oft auch unangenehm riecht, während das Tier mit halb oder wenig ausgestülptem Osmaterium den Geruch der Futterpflanze exhaliert (siehe P. SCHULZE, S. 232).

Ich habe nicht feststellen können, ob die ellipsoide Drüse sich durch eine Intima an die Spitzencuticula anschließt, oder ob der Abschluß gegen das Lumen lediglich durch die Oberflächenhaut der Drüsenzellen gebildet wird. Der Querschnitt der Abb. 25 bietet allerdings ein Bild, dessen gewellt-konturierte Mittelfigur (*int*) wohl als eine feine Intima gedeutet werden könnte. In dem schon gebrachten Querschnitt der Abb. 22 ist davon aber wieder nichts zu sehen, und nach dem

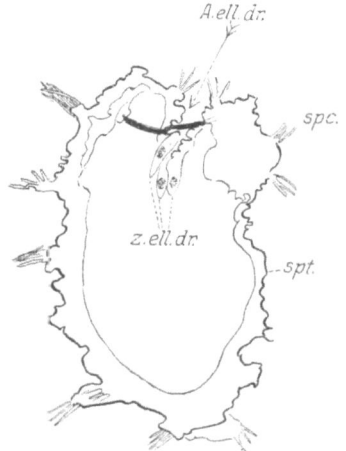

Abb. 26. Längsschnitt durch den Spitzenteil und die Öffnung der ellipsoiden Drüse. *spt.* Spitzenteil, *A.ell.dr.* Drüsenausgang, *z.ell.dr.* Zellen der ellipsoiden Drüse, *spc.* Spitzencuticula.

Flachschnitt durch die Öffnung der ellipsoiden Drüse auf dem Spitzenteil (Abb. 26) hat es auch den Anschein, als ob trotz schneller und starker Verjüngung der Spitzencuticula ein Übergang dieser in eine Intima nicht erfolge. Dementsprechend ist dieser Übergang in der schematischen Darstellung (Abb. 18) eines eingestülpten Osmateriums von *Zerynthia polyxena* auch entworfen worden.

Schließlich der Spangenteil, das Eigentümlichste in der Nackengabel des Aristolochiaceenfressers *Zerynthia*. Durch das Übergehen seiner

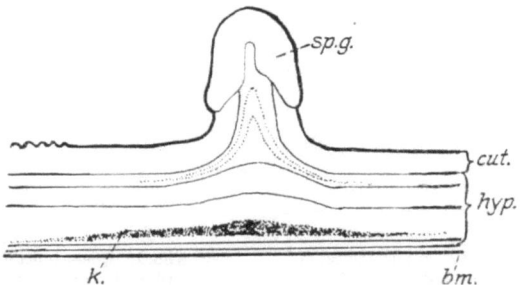

Abb. 27. Querschnitt durch die Wand des Spangenteiles, *spg*. Spange, *cut*. Cuticula, *hyp*. Hypodermis, *bm*. Basalmembran, *k*. Kern.

Basalmembran in die des Ast- und Spitzenteiles wie in die Grenzlamelle der ellipsoiden Drüse dokumentiert er sich als ein Drüsenzapfen, der seine Ausstülpungsfähigkeit allerdings zum Teil im Gegensatz zum Spitzenteile eingebüßt hat. Die Kerne sind, wie überall im Osmaterium, von großer Plastizität und geben die Dehnung des ausgestülpten Organs durch ihre flache, ausgezogene Gestalt getreulich wieder (Abb. 19 *k*; Abb. 23 k_1). Die Hypodermis ist bis auf eine schmale Plasmaschicht um die Kerne chitinisiert und spiegelt färberisch die Verschiedenheit in der Dichtigkeit und Elastizität des Chitins durch die Ausbildung von Farbtönen in der Hämatoxylin-v. GIESON-Lösung wieder, wie es Abb. 27 darstellt. Die Cuticula (Abb. 27 *cu*.) nimmt etwa ein Viertel der ganzen Astteilwand ein und ist bis auf die Spangen und die Chitinspinulae im Gegensatz zur Cuticula des Spitzen-

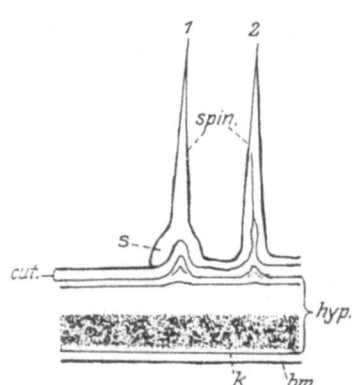

Abb. 28. Längsschnitt durch 2 Spinulae des Spangenteiles. *spin*. 1. 2. Spinulae, *s*. Sockel, *cut*. Cuticula, *hyp*. Hypodermis, *bm*. Basalmembran, *k*. Kern.

und teilweise auch des Astteiles ganz gleichmäßig entwickelt. Unter den Chitinspangen wölben sich Cuticula und Hypodermis halsartig empor und tragen wie eine Kappe (Abb. 27 *spg*.) die aus härtestem, goldgelbem Chitin bestehenden Spangenringe dieses Nackengabelteiles.

An den Verwachsungsstellen der ellipsoiden Drüse mit dem Spangenteile fand ich bei *Zerynthia polyxena* noch eine zweite Form cuticulärer Chitingebilde, die Spinulae, die offenbar dieselbe Funktion haben, wie die Spitzen des Spitzenteiles, nämlich das Secret der wenig oder halb ausgestülpten Nackengabel (Ausstülpungsform ohne Spitzenteil, Abb.24) aufzufangen und für die Verdunstung zu verteilen. Die Spinulae stehen in kleinen Gruppen zusammen, und ihr Chitin grenzt die Gruppe durch einen kleinen Sockel ab (s. Abb. 28), während die Gruppenmitglieder untereinander durch ihre Chitinsockel ohne Naht in Verbindung bleiben. (Die Spinula 2 zeigt im Innern einen Spalt oder ein feines Kanälchen.)

An Retractoren bietet das Osmaterium von *Zerynthia polyxena*, wie schon gesagt, drei Paare und ist damit um ein Paar reicher als die Arten, die P. SCHULZE untersucht hat: *P. podalirius, machaon* und *Parnass. apollo*. Allen vier Formen gemeinsam in seinem Auftreten ist der Retractor des Aststeiles (Abb. 15, 18, 20 *rtr.at.*; Abb. 7 *retr. 2*).

Für den durch seine Chitinklöppel merkwürdigen Retractor des Spitzenteiles von *Pap. podalir.* und *machaon* finden wir bei *Zerynthia polyxena* den Retractor der ellipsoiden Drüse, der, wie wir sehen werden, dem Spitzenteilretractor homolog zu setzen ist und der auch dessen Funktion übernimmt, indem er durch Vermittlung der Grenzlamelle der ellipsoiden Drüse (Abb. 18 *rtr.dr.*) seinen Zug auf die Basalmembran des Spitzenteiles überträgt (siehe P. SCHULZE, S. 209).

Der Retractor des Spangenteiles (Abb. 17, 18 *rtr.spgt.*) fehlt natürlich den übrigen bisher untersuchten Formen.

Wie es P. SCHULZE (S. 185/186) für *Podalirius* und *Machaon* nachweisen konnte, ist auch bei den beiden europäischen Vertretern des Genus *Zerynthia* die Anordnung der Muskulatur nicht die gleiche. Während bei *Zerynthia polyxena* der Retractor des Spangenteiles mit zwei bis vier Köpfen am unteren Abschnitt desselben sich ansetzt, wie es Abb. 17, 18 angibt, reichen die zahlreicheren Ansatzstellen dieses Muskels bei *Zerynthia rumina medesicaste* viel weiter hinauf.

Über den Retractor der ellipsoiden Drüse kann ich für die letztere Art nur aussagen, daß er entweder viel tiefer — also in striktem Gegensatze zum Retractor des Spangenteiles — als bei *Zerynthia polyxena* ansetzen muß oder vielleicht ganz fehlt. Ich habe bei *Zerynthia rumina medesicaste* das Schicksal der ellipsoiden Drüse und ihrer Adnexe nicht ganz bis zum Ende verfolgen können. Für den fehlenden Retractor der Drüse könnte bei dem gegenüber *Polyxena* in jeder Hinsicht leichter gebauten Nackenorgan von *Rumina medesicaste* sehr wohl der Retractor des Spangenteiles eintreten, der ja, weiter hinaufziehend als bei *Polyxena*, seinen Zug wieder auf die Basalmembran des Spitzenteiles durch die Grenzlamelle der ellipsoiden Drüse übertragen kann, die bei *Zer. rumina medesicaste* in wahrscheinlich größerer Länge mit dem Spangenteil verwachsen ist als bei *polyxena*.

Konstant, und durch die von P. SCHULZE (S. 210, Photogramm 13) entdeckten Chitinleisten seiner mittleren Bündel leicht als ein für die Gattungen *Zerynthia, Papilio, Parnassius* homologes Gebilde zu identifizieren, ist allein also der Retractor des Astteiles (Abb. 15, 18, 20 *rtr.at.*).

Die Ausbildung dieser Chitinleisten und die Anordnung der an und zwischen ihnen sich ansetzenden Muskelbündel des Astteilretractors bieten ein hübsches Beispiel der Anpassung an eine bewegungsphysiologische Sonderaufgabe. Beim ausgestülpten Nackengabelorgan nämlich folgt der Retractor mit seinen Muskelbündeln dicht angeschmiegt der Kontur des Astteiles, wie es die Abb. 15, 18 zeigen, während die Chitinleisten mehr oder minder rechtwinklig zu dieser Kontur die

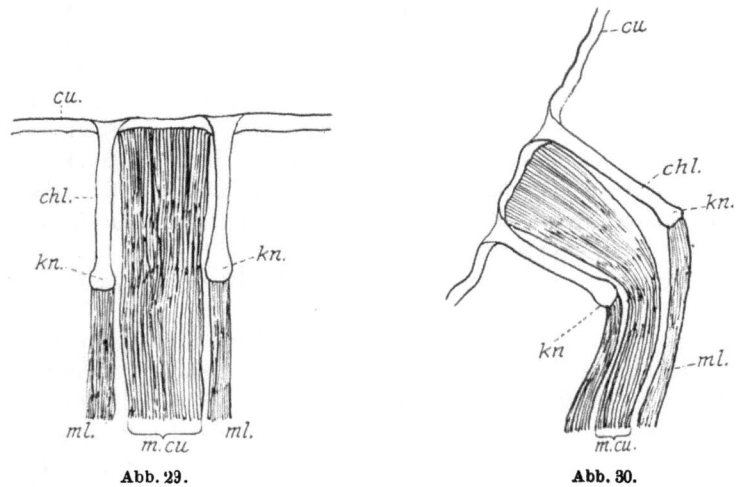

Abb. 29.   Abb. 30.

Abb. 29 u. 30. Schematisches Bild der Ansätze des Astteilretractors am Astteil. *cu.* Cuticula, *chl.* Chitinleiste, *kn.* Knauf derselben, *m. cu.* Cuticulamuskeln, *m. l.* Leistenmuskeln.

Cuticula nach innen fortsetzen (s. das schematische Bild der Abb. 29, 30). In ausgestülptem Zustande sind also die den Muskelzug übertragenden Tonofibrillen gegenüber der allgemeinen, der Kontur folgenden Längsrichtung der Muskelfasern unter mehr oder minder spitzem Winkel abgeknickt. Müßte der Muskel unter Einbehalten dieser Abknickung die Einstülpung des Astteiles vornehmen, so käme nur eine Komponente der ganzen Muskelarbeit zur Verwendung. Diesen Arbeits- und Energieverlust ersparen die Chitinleisten. Bei der Contraction der an der Cuticula ansetzenden Muskelfasern (Abb. 29, 30 *m.cu.*) drücken diese auf den Innenknauf (*kn*) des Chitinleistchens und lösen so eine Schubwirkung aus, die den in der Cuticula befindlichen Ursprung der Leiste senkrecht zum Faserverlauf eindreht (Abb. 29).

Die Cuticulamuskeln wirken also nicht nur als Retractoren, sondern auch als Dreher.

Diese Drehwirkung aber würde ohne den kleinen Leistenmuskel (Abb. 28, 29 *m.l.*) viel von ihrem Effekt verlieren, denn mit der Schubwirkung ist gleichzeitig durch die Chitinleisten die Möglichkeit einer Herauswölbung der Körperwand gegeben. Diese Hervorwölbung verhindert der Leistenmuskel. Er ist also ein Fixator, womit nicht gesagt sein soll, daß er sich nicht auch gleichzeitig als Retractor und Dreher betätige.

4. Kapitel.
Die biologische Bedeutung der Nackengabel der Papilionidenraupen.

Seit den Tagen der Frau MERIAN (1705, „Surinamische Insecten"), welche die ausstülpbare Nackengabel der Papilionidenraupen als eine Art von Hörnern anspricht, mit denen sich die Raupe „zur Wehr setzt, solche ausstreckt und damit giftig stechen könne", ist die Auffassung des Osmateriums als Wehrdrüse die herrschende geblieben. Der Angreifer sollte durch das plötzliche Hervorschnellen des Organs erschreckt und durch den Geruch des Secretes verscheucht werden. Diese Ansicht dürfte aber ein regelrechter Anthropomorphismus sein, der seine Berechtigung lediglich aus dem für menschliche Nasen oft unangenehmen Geruch des Gabelsecretes herleitet.

P. SCHULZE hat erfolgreich den Versuch gemacht, den Wert der Wehrdrüsentheorie experimentell und statistisch nachzuprüfen. Seine Fütterungsversuche fielen durchaus zuungunsten der Theorie aus. Die Eidechsen (*Lacerta agilis* L.) nahmen ausnahmslos die dargebotenen *Machaon*-Raupen an. Man könnte einwenden, *Lacerta agilis* werde als typischer „Augenjäger" wenig durch die Gasabwehr des verdunstenden Secretes betroffen. Wie wenig diese Abwehr aber auch für so ausgesprochene Nasentiere wie Insectivoren (*Crocidura*) wirksam ist, dafür gibt MELL in seinen kürzlich erschienenen „Beiträgen zur Fauna Sinica (II)" ein hübsches Beispiel: „Grüne erwachsene und kleine kotfarbige Raupen von *Papilio polytes, demoleus*, die großen, bunten Fleischgabelraupen von *P. clythia* wurden ebenso schnell gewittert und gefressen wie Nichtpapilioniden. Nur einmal streckte eine *Demoleus*-Raupe der Ratte das ausgestülpte Osmaterium gerade gegen den Rüssel, und die Ratte ließ ab, eine andere Ratte aber packte die Raupe von hinten und verzehrte sie" (S. 175).

Die Möglichkeit eines Schutzes durch die Nackengabel gegen Feinde aus der Insectenwelt hat P. SCHULZE statistisch zu erfassen versucht. Er gibt in einer Tabelle, die durch den neuen von H. BISCHOF beschriebenen *Dinotomus dehaani* aus *Papilio bianor dehaani* zu ergänzen ist, auf die aber hier sonst nur verwiesen werden kann (P. SCHULZE, S. 227

und 228), eine Zusammenstellung der Parasiten und ihrer Wirte. Auf Grund dieser Übersicht kommt er zu den folgenden Schlüssen (S. 229): 1. „Wir sehen also, hier wie in allen anderen Familien gibt es Raupen, die stark, und andere, die so gut wie gar nicht von Parasiten belästigt werden; und unter den Papilioniden findet sich trotz der Nackengabel derjenige Schmetterling unserer Fauna, der mit am meisten von Schmarotzern heimgesucht wird: der Schwalbenschwanz." 2. Die sogenannten Aristolochienfalter aus dem Genus *Papilio* scheinen immun zu sein.

Abgesehen von der merkwürdigen Immunität der Aristolochiaceenfresser aus der Gattung *Papilio* (Sectio *Pharmacophagus* HAASES) findet sich also nichts, was auf einen causalen Zusammenhang zwischen Nackengabel und Abwehr der Feinde aus der Insektenwelt hinwiese. Dazu kommt noch ein anderer Umstand, der, wenn umfassendere Beobachtungen ihn als allgemein gültig erweisen sollten, von ausschlaggebender Bedeutung ist und der außerdem ein aufhellendes Licht auf die Tatsache wirft, daß die Aristolochiaceenfresser anderer Gattungen, wie z. B. *Zerynthia (Thais) polyxena* (SCHIFF) und *Archon apollinus* (HRBST.) im Gegensatz zur Sectio *Pharmacophagus* der Gattung *Papilio* so häufig Parasiten beherbergen. Wie P. SCHULZE an Freilandlarven von *Zerynthia polyxena* in Mazedonien beobachtete, ist das Tier im letzten und vielleicht auch schon im vorletzten Stande gar nicht mehr fähig, die Nackengabel auszustülpen. Es kommt höchstens zur Andeutung des Vorganges, und wenn man Ausstülpungsformen wie die der Abb. 12 haben will, dann muß der Fänger durch einen Druck auf den Thorax die Pressungsversuche der Larve unterstützen. Schon P. SCHULZE hat ja den Ausstülpungsvorgang als einen der Pressung aufgezeigt. Unter Anklammern mit den Pedes spurii und Contraction der Stammuskulatur wird die Hämolymphe in die Schläuche der Nackengabel hineingedrückt und das Organ auf der intersegmentalen Haut zwischen Kopf und erstem Thoraxsegment erigiert (Abb. 31). Die anatomisch-histologischen Untersuchungen, die ich an *Zerynthia*-Larven ausgeführt habe, lassen unschwer die Gründe erkennen, warum im letzten und vorletzten Stande die Nackengabel nicht mehr ausgestülpt werden kann. Die ganze Thoraxhöhle erweist sich nämlich mit Fettgewebe erfüllt, das durch die Größe seiner Zellen, durch die Dichtigkeit ihrer Einschlüsse, durch die

Abb. 31. Larve von *Papilio bianor* in der Ausstülpungsstellung. Photographie von Dr. MELL.

Ausbildung der Zellwände statt des syncytialen Verbandes der früheren Stände und wahrscheinlich auch durch die Änderung der Viscosität des Plasmas (Diagonalstellung der Kerne) dem Beiseiteschieben durch die Nackengabel im Ausstülpungsvorgang einen ganz anderen Widerstand entgegensetzet als in den früheren Larvenständen. In dieses Fettgewebe ist das Osmaterium in eingestülptem Zustande ja förmlich hineingefilzt und dabei bisweilen sogar noch einseitig tordiert. Die mikroskopische Untersuchung der Retractoren zeigt außerdem, daß zum mindesten im letzten Stande der histolytische Prozeß in diesen schon eingesetzt hat. Trotz sorgfältiger Färbung mit Hämatoxylin nach DELAFIELD-VAN GIESON-Lösung war es nämlich nicht möglich, die Querstreifung in den Retractoren sichtbar zu machen, während die Schnitte aus den Abdominalsegmenten das bekannte klare Bild des quergestreiften Insectenmuskels mühelos ergaben. Diese färberische Indifferenz ist aber nach HENNEGUY das erste Anzeichen des histolytischen Prozesses in der Muskulatur. — Auch bei erwachsenen *Podalirius*-Raupen konnte P. SCHULZE feststellen, daß sie unfähig waren, die Nackengabel auszustülpen. Dasselbe fand er bei *Parnassius apollo*, und FLOERSHEIM berichtet von *Pap. ajax* L., daß die voll erwachsenen Larven selbst auf starke Reize nur selten reagieren. An *Pap. demoleus* L. schließlich beobachtete VOSSELER, daß im letzten Stand die Nackengabel nicht mehr ausgestülpt wurde und als außer Funktion gesetzt erscheint. (Siehe dazu auch die neueren übereinstimmenden Beobachtungen von K. HORNSTEIN an Larven, von *Zerynthia* (Thais) *polyxena* in Z. oesterr. ent. Ver. 10, 4. 1925.)

Nun ist aber die Zeit vor der Verpuppung gerade für das Tier die gefährlichste. Es befindet sich auf dem Höhepunkte der Ernährung. Der Bissen für die Beutetiere ist fett, die Larve dagegen in einem kläglichen Zustande herabgesetzter Bewegungs- und Abwehrfähigkeit, und gerade in dieser Periode würde das Tier den Schutz durch die Nackengabel entbehren müssen.

Die biologische Bedeutung dürfte denn auch nach einer ganz anderen Richtung hin zu suchen sein. Auch hier hat P. SCHULZE die leitenden Gedanken ausgesprochen.

Phylogenetische Erwägungen in Verbindung mit der biologischen Eigentümlichkeit der Giftfestigkeit der Aristolochiaceen fressenden Larven geben P. SCHULZE seine Theorie, nach der die ellipsoide Drüse die mit der Nahrung aufgenommenen „Giftstoffe", Alkaloide (Aristolochin), Säuren, ätherischen Öle usw., für das Tier dadurch unschädlich macht, daß sie dieselben aus der Hämolymphe aufnimmt und auf der Spitzencuticula des Spitzenteiles zur Verdunstung bringt.

P. SCHULZE erhielt schon 1912 eine wertvolle Unterstützung für seine Theorie in den Ergebnissen der ganz unabhängig von ihm durch

MELL in Südchina über die Eiablage von 17 *Papilio*-Arten angestellten Untersuchungen. Der Autor fand, daß die Weibchen der südchinesischen Papilioniden zu dieser 6 Pflanzenfamilien benutzten (Aristolochiaceen, Rutaceen, Umbelliferen, Lauraceen, Ficus, Anonaceen), die systematisch zwar nichts Gemeinsames haben, physiologisch aber gleichmäßig durch den Reichtum an Alkaloiden, ätherischen Ölen, Säuren, Milchsaft ausgezeichnet sind (vgl. auch P. SCHULZE b. S. 6).

Ist die Ansicht P. SCHULZES richtig, so mußte je nach dem Gehalt der Futterpflanzen an Alkaloiden, ätherischen Ölen usw. eine Variabilität in der Ausbildung der Nackengabel und speziell der ellipsoiden Drüse

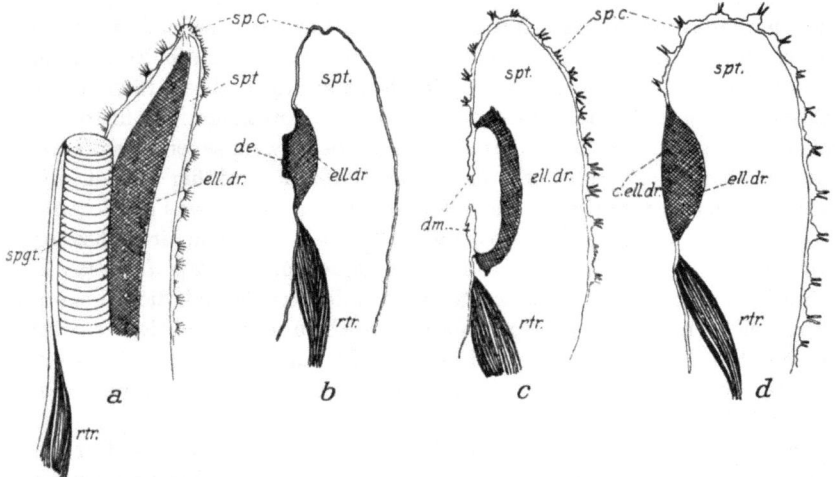

Abb. 82. Schematischer Aufriß des rechten Nackengabelastes von a) einem Aristolochiaceenfresser (*Zerynthia rumina medesicaste* ILLIG), b) einem Crassulaceenfresser (*Parnassius apollo* L.), c) einem Prunoideenfresser (*Papilio podalirius* L.), d) einem Umbelliferenfresser (*Papilio machaon* L.) *c. ell. dr.* Cuticula der ellipsoiden Drüse, *de.* Deckel der ellipsoiden Drüse, *dm.* Dämme derselben, *ell. dr.* ellipsoide Drüse, *rtr.* Retractor, *spc.* Spitzencuticula des Spitzenteiles, *spgt.* Spangenteil, *spt.* Spitzenteil.

nachweisbar sein. Man durfte also erwarten, daß ein Vertreter der Pharmacophagen ein vollkommeneres Osmaterium aufweisen müsse als etwa der Crassulaceenfresser *Parnassius apollo*.

Aus Mangel an Material hat P. SCHULZE diesen Nachweis nicht führen können. Auch ich konnte mir einen Vertreter der Sectio Pharmacophagus nicht verschaffen und nur unsere zwei europäischen Arten der Gattung *Zerynthia*: *polyxena* SCHIFF. und *rumina medesicaste* ILLIG., untersuchen, die aber ebenfalls auf Aristolochiaceen leben. Die Ergebnisse der Untersuchung stützen die Theorie P. SCHULZES so stark, wie anatomisch-histologische Daten eine biologische These nur stützen können.

Schon die bloße Betrachtung von Abb. 32 a, b, c, d zeigt das so überzeugend, daß darüber nur noch wenig zu sagen nötig ist. Alle vier Abbildungen sind die schematisierten Aufrisse der rechten Gabeläste und zwar von: a einem Aristolochiaceenfresser (*Zerynthia rumina medesicaste* ILLIG.), b einem Crassulaceenfresser (*Parnassius apollo* L.), c einem Prunoideenfresser (*Papilio podalirius* L.), d einem Umbelliferenfresser (*Papilio machaon* L.). Man übersieht auf den ersten Blick, daß *Zerynthia* die primäre Form der Nackengabel besitzt, und daß dagegen sowohl bei *Pap. podalirius* wie bei *machaon* und *Parnassius apollo* die ellipsoide Drüse rudimentär geworden ist.

Mit der Verkleinerung dieses Nackengabelteiles ist außerdem der schon erwähnte interessante Funktionswechsel im Spitzenteil eingetreten. Wie schon gesagt, konnte P. SCHULZE die secretorische Tätigkeit der Kerne dieses Teiles nachweisen und so der Ansicht LEYDIGS zum Siege verhelfen. Bei den *Zerynthia*-Larven vermochte ich jedoch im Spitzenteil nur Kerne aufzufinden, die zwar ganz erheblich größer sind als die der Hypodermis, sonst aber offenbar nur eine nutritive Tätigkeit für die Spitzencuticula ausüben. Bei *Pap. podalirius, machaon* und *Parnassius apollo* ist also ein Teil der Funktion der ellipsoiden Drüse auf den Spitzenteil der Nackengabel übergegangen, während bei *Zerynthia* dieser Abschnitt des Osmateriums lediglich seiner ursprünglichen Bestimmung der Aufnahme und Abdunstung des von der ellipsoiden Drüse abgegebenen Secretes dient.

Der Spangenteil (Fig. a der Abb. 32 *spgt.* [*Zerynthia*]), jener ganz merkwürdige, von dem Spitzenteil vollkommen abweichende Bestandteil der Nackengabel der europäischen Aristolochiaceenfresser, ist bei allen europäischen Papilioniden, die *nicht* auf Aristolochiaceen leben, ebenfalls rudimentär geworden. Wir können aber seine Reste unschwer auffinden in den „Dämmen" der ellipsoiden Drüse bei *Pap. podalirius*, in dem Deckel desselben Organteiles bei *Parnassius apollo* und in der cuticulären Haut, die bei *Pap. machaon* den Drüsenraum der ellipsoiden Drüse in ausgestülptem Zustande nach außen abschließt.

Natürlich liegen über den Spangenteil, der ja hier zum ersten Male beschrieben wurde, nicht Beobachtungen in dem Umfange vor, die eine sichere biologische Deutung desselben gestatten würden. Trotzdem möchte ich, wenn auch mit jedem Vorbehalte, eine solche versuchen. Von *Zerynthia polyxena* ist es ja bekannt, daß die Larve in hellem Sonnenlicht frißt, und von dem südchinesischen *Pap. aristolochiae* F. erzählte mir Herr MELL, daß die Larve ebenfalls in heller Sonne auf der Unterseite der Blätter zu fressen pflege. MELL fand die Tiere fressend bei Sonnentemperaturen von 70° C., und er schätzt die Temperatur auf der Unterseite der Blätter auf 50°. Das sind erstaunliche klimatische Faktoren, die das Tier beherrscht, und in der Nackengabel,

3*

speziell dem Spangenteil, möchte ich das Organ sehen, das diese Anpassung ermöglicht. MELL berichtete mir nämlich ferner, daß die Larven immer mit etwas ausgestülpter Nackengabel fressen. Durch einen Zufall hatte ich unter meinen *Zerynthia*-Larven gerade ein Exemplar, das beim Fangen und Einwerfen in die Fixierungsflüssigkeit nicht über dieses erste Stadium des Ausstülpungsvorganges hinausgekommen war. Abb. 16 zeigt das genaue Bild nach einem Diaphanolpräparat, dessen Richtigkeit dann noch nach dem Mikrotomschnittverfahren sichergestellt wurde. Man sieht, auf beiden Seiten des Kopfes ist es der Spangenteil, der sich zuerst an die Außenwelt emporschiebt. Von dem Spitzenteil ist noch gar nichts zu sehen, und die mikroskopische Untersuchung zeigt ihn denn auch noch weit in der Thoraxhöhle steckend.

Wir müssen also annehmen, daß die im Sonnenlicht fressenden Aristolochiaceenraupen während des ganzen Freßaktes das Secret der ellipsoiden Drüse im Spangenteil zur Verdunstung bringen. Sie haben also in diesem Nackengabelteil ein Organ, das nicht nur durch die Abdunstung ein starkes Diffusionsgefälle von Drüse zu Spangenteil schafft und so die secretorische Funktion der ersteren machtvoll unterstützt, sondern sie haben auch durch die dabei entstehende Verdunstungsabkühlung in dem Spangenteil dasjenige Organ, das ihre Anpassung an so extreme Temperaturen wie die oben angegebenen erst möglich macht.

Man könnte die Frage aufwerfen, ob denn bei tropischen Insecten das Bedürfnis der Abkühlung überhaupt vorliege, und ob Beobachtungen vorhanden seien, die man in diesem Sinne deuten könne.

Ich glaube, daß man das lange Verweilen tropischer Falter an der „Tränke", wie es ARNOLD SCHULTZE (S. 5, 6) geschildert hat, und die Art der Wasserabgabe, wie sie bei afrikanischen Arten gesehen wurde, in der Hauptsache kaum anders wird deuten können. Es wurde nämlich beobachtet, daß die Papilionidenfalter nach kurzer Zeit das aufgesaugte Wasser wieder aus dem After herausspritzen.

Mit der eben entwickelten Auffassung von der Aufgabe des Spangenteils der Nackengabel stimmt das gut überein, was ich seine „mechanische Funktion" beim Ausstülpungsvorgang nennen möchte.

Wie ein Blick auf die Abb. 15 zeigt, liegt der nach innen geschlagene Teil der Spangen (*spi*) nicht in einer Ebene mit dem äußeren Teil (*spa*). Daraus resultiert beim eingestülpten Nackenorgan eine mechanische Spannung, die ausgelöst wird, wenn das Tier den Nackenschild abhebt (s. Abb. 16). Rein mechanisch wölbt dann der Spangenteil die intersegmentale Haut und den unteren Teil der Nackengabel nach außen. Möglich ist es auch, daß auf einen Schreckreiz die Larve diese rein mechanische Funktion noch unterstützen kann, indem sie durch Pressung Secret (ätherische Öle) in den Spangenteil hineindiffundiert, das verdunstend seinen Spannungsdruck hinzufügt, oder, indem sie unter Verschluß der Stigmen in den Spangenteil Luft durch die Tracheenäste hineinpumpt, die vom prothoracalen Stigma aus diesen Teil der Nackengabel ebenso versorgen wie die ellipsoide Drüse.

Aus dieser Auffassung über die Funktion des Spangenteiles könnten wir eventuell auch die größere Immunität der Aristolochiaceenfresser herleiten. *Das nicht beunruhigte Tier riecht nämlich so wie seine Futterpflanze.*

Nach MELL (b. S. 177) streckt *Pap. aristolochiae* F. auch in der Ruhe das Osmaterium etwas hervor, und im Spangenteil kommen also offenbar auch die Stoffe zur Abdunstung, die der Futterpflanze den charakteristischen Geruch verleihen. Solange das Tier nur mit so wenig ausgestülpter Nackengabel frißt, wie MELL für *Pap. aristolochiae* es mir angegeben hat, daß also gerade der Spangenteil herausragt, solange fehlt wohl jeder differente Geruch, der den „Nasenjäger" zu seiner Beute führen könnte. Dieser Schutz hört in dem Augenblick auf, in dem das Tier die Nackengabel auf einen Schreckreiz hin ganz ausstülpt. Jetzt secerniert die ellipsoide Drüse nicht mehr in den Spangenteil, sondern auf den Spitzenteil ein Secret, das entweder anders zusammengesetzt oder auch konzentrierter ist als das im Spangenteil gewöhnlich zur Verdunstung kommende. Wie dem auch sei, das erschreckte Tier verrät sich jetzt geradezu durch den Gestank" seines Gabelsecretes, so daß selbst ein so schlechtes „Nasentier" wie *Homo sapiens* die Beute riecht. Man klopft z. B. beim Suchen nach *Podalirius*-Raupen einfach auf die Schlehenbüsche, um durch den Geruch des Gabelsecretes sicher zum Fange zu gelangen (ALBOTH).

Die Ausstülpung des Osmateriums ist denn auch gar nicht die primäre Abwehrbewegung. Primär ist vielmehr der Klammerreflex, den die Erschütterung der Futterpflanze durch das suchende Jägertier auslöst. Das Tier klammert sich fest mit den Pedes spurii an, so fest, daß man es, wie VOSSELER von *Pap. demoleus* L. berichtet, kaum abheben kann. Um diesen Halt ja recht sicher zu gestalten, wird die Blattoberfläche z. B. von der eben erwähnten Art noch mit einem Gespinst versehen, in das die Häkchen der Pedes spurii hineinverankert werden. Das Tier geht dann in die Starrehaltung, die so viele Freilandtiere als Abwehr vor der Flucht versuchen, und die synergetische Zusammenarbeit der Muskulatur bringt es mit sich, daß die Nackengabel als Nebenerfolg ausgestülpt wird. Der Ausstülpungsvorgang ist hier also weiter nichts als eine Mitbewegung, deren Ursache der primäre Klammerreflex ist.

Auf den Schutz, den die Aristolochiaceenfresser durch ihre Bewegungsunlust gegen die Entdeckung durch die „Augenjäger" genießen, hat schon P. SCHULZE hingewiesen. Er findet eine hypothetische Erklärung darin, daß die den Aristolochiaceen eigentümlichen Stoffe im Laufe der Zeit die Muskulatur der Tiere gewissermaßen „narkotisiert" haben (S. 234).

5. Kapitel.
Die Homologie der Nackengabel bei Zerynthia, Papilio und Parnassius.

Wie wir soeben gesehen haben, nötigt die Theorie von P. Schulze über die physiologische und biologische Bedeutung der Nackengabel dazu, das so kompliziert gebaute Osmaterium von *Zerynthia* (*Thais*) *polyxena* als das primitivere gegenüber den Nackengabelformen anzusehen, wie sie *Papilio machaon, Pap. podalirius* und *Parnassius apollo* darbieten.

Die Nackengabeln dieser letzteren Arten würden also sekundär vereinfacht sein, und es handelt sich jetzt darum, die einzelnen Nackengabelbestandteile zu homologisieren und ihre Reduktion als eine dem Schwunde der ellipsoiden Drüse korrespondierende aufzuzeigen.

Die Veränderungen, welche die ellipsoide Drüse auf ihrem Wege von der *Zerynthia*-Form zu der von *Parnassius apollo* etwa erlitten hat, betreffen nicht nur ihre Masse, ihre Länge, sondern auch ihren ganzen Aufbau. Nicht nur der ganze Spitzenteilabschnitt (s. Abb. 32) und mit diesem die beim *ausgestülpten* Organ allein funktionierende Drüsenöffnung auf der Kuppelhöhe des Spitzenteiles ist verloren gegangen, sondern der Rest halbiert sich auch noch gewissermaßen, wie es die Querschnitte der Abb. 22 (*Zerynthia polyxena*), Abb. 3 (*Pap. machaon*), Abb. 2 (*Pap. podalirius*), Abb. 4 (*Parnassius apollo*) wohl ohne weitere Erörterung hinreichend aufzeigen.

Mit dieser Halbierung gewinnt bei den drei letzteren Formen die reduzierte ellipsoide Drüse ein breiteres seitliches Secretionslumen, als es die *Zerynthia*-Drüse aufzeigt. Das Charakteristische aber *bleibt*, nämlich das seitliche Abfließen des Secretes durch die Chitinbedeckung hindurch. Diese Art der Secretion, die sich so ganz mit dem deckt, was über die Secretabgabe in dem mit dem Spangenteil verwachsenen Abschnitte der *Zerynthia*-Drüse gefunden wurde, diese Art der Secretabgabe also und die Lage der *Papilio*- und *Parnassius*-Drüse lassen es als sicher erscheinen, daß die Ellipsoiddrüsen der letzteren homolog zu setzen sind dem *Spangenteilabschnitt* der *Zerynthia*-Form, und damit ist dann auch die phylogenetische Auffassung der „Dämme" bei *Podalirius*, der cuticulären Drüsenverschlußhaut bei *Pap. machaon* und des „Deckels" bei *Parnassius apollo* gegeben: sie sind die Rudimente des sowohl bei *Papilio* wie bei *Parnassius* verschwundenen Spangenteiles.

Die Atrophie des Spangenteiles bei *Papilio* und *Parnassius* erfolgte korrelativ zur Reduktion der ellipsoiden Drüse. Diese ist höchstwahrscheinlich bedingt durch Nahrungsänderung — Aristolochiaceenfresser, Umbelliferen-, Prunoideenfresser, Übergang von stark aromatischem Futter zu wenig oder gar keine aromatischen Bestandteile enthaltendem (siehe dazu C. KLEINE: Die *Chrysomela*-Arten usw.) und Anpassung an niedrigere und gleichmäßigere Temperaturen, so daß die für den Spangenteil angenommene Sonderfunktion eines Anpassungsapparates an so extreme Temperaturen, wie sie MELL für *Papilio aristolochiae* geschildert hat, in Wegfall kommt. Auch die aus der Anordnung der Chitinspangen resultierende ,,mechanische Funktion" des Spangenteiles, die bei dem so eindrucksvoll wuchtig gebauten *Zerynthia*-Osmaterium als durchaus nötig erschien, ist für die unvergleichlich leichter gebauten Nackengabeln von *Papilio* und *Parnassius* nicht mehr vonnöten. Bei ihnen genügt zur Ausstülpung der Druck der Hämolymphe vollauf.

Die rudimentäre ellipsoide Drüse der *Papilio*- und *Parnassius*-Arten ist aber offenbar nicht geeignet, die ganze Funktion der primitiveren *Zerynthia*-Drüse zu übernehmen, und so erklärt sich der Funktionswechsel, bei welchem die mit der Spitzencuticula versehenen Zellen des Spitzenteiles einen Teil der Drüsenfunktionen des ganz zum Schwunde gekommenen Spitzenteilabschnittes der ellipsoiden Drüse und ihres wenigstens teilweise rudimentär gewordenen Spangenteilabschnittes bei *Papilio* und *Parnassius* übernehmen.

P. SCHULZE hat diese Drüsenfunktion des Spitzenteiles (Schlauchteil dieses Autors) einwandfrei durch seine cytologischen Untersuchungen dargetan.

Plasmatologisch wirkt sich dieser Funktionswechsel auf das interessanteste aus. Während P. SCHULZE für die Spitzencuticula,,zellen" des Spitzen-(Schlauch-)teil-Syncytiums nachwies, daß ihr Endoplasma reichlich und secretorisch-tätig entwickelt ist, bildet das Endoplasma derselben Zellen bei *Zerynthia* nur einen ganz dünnen Kernbelag, wie ihn P. SCHULZE bei *Pap. podalirius* nur in den Zellen des quadratischen Epithels der Nackengabel gesehen hat. Mit diesem Funktionswechsel des Spitzenteiles von einem bloßen Auffange- und Verteilungsapparate für das Secret der ellipsoiden Drüse bei *Zerynthia* in ein secretorisch selbsttätiges Organ bei *Papilio* und *Parnassius* war auch eine räumliche Zunahme, ein Längenwachstum des Spitzenteiles verbunden. Besonders an Längsschnitten überrascht es, wieviel größer der Spitzenteil schon bei *Machaon* und *Podalirius* als bei *Zerynthia* entwickelt ist, ganz abgesehen von den mächtigen Gebilden, die sich bei den südchinesischen *Pap. xuthus* und *Pap. clythia* darboten.

Diese Vergrößerung des Spitzenteiles in Verbindung mit dem Schwunde des Spitzenteilabschnittes der ellipsoiden Drüse ist meines Erachtens die Ursache, daß sich im Laufe der Phylogenese der Drüsenretractor des *Zerynthia*-Osmateriums in den Retractor des Spitzenteiles bei *Papilio* umformte. Wie schon erwähnt, überträgt der an der Grenzlamelle der ellipsoiden Drüse ansetzende Retractor derselben seinen Zug durch die Vermittlung der ersteren auf die Basalmembran des Spitzenteiles, in welche die Grenzlamelle an der Ausmündungsstelle der Drüse übergeht. Trotz der Ausschaltung des Spitzenteilabschnittes der ellipsoiden Drüse und trotz dessen Schwundes blieb also die Grenzlamelle, in die der Drüsenretractor seine Tonofibrillen ja hineinschiebt, funktionell durch Muskelcontraction beansprucht und verfiel daher auch nicht der Atrophie.

Nach der allgemeinen Regel, daß Länge der Muskelfasern und Bewegungsumfang einander entsprechen, müssen wir vielmehr annehmen, daß der Drüsenretractor entsprechend der Notwendigkeit, einen *länger* gewordenen Spitzenteil in die Brusthöhle der *Papilio*-Larve zurückzuziehen, entsprechend also diesem größeren Bewegungsumfange seinen Myofibrillen ein Längenwachstum verschaffte, und daß demgemäß die Grenzlamelle in Tonofibrillen sich umwandelte. Diese Anschauung entspricht durchaus dem, was O. SCHULTZE über die Umwandlung von Bindegewebsfasern in Muskelfasern lehrt, und wofür auch STUDNICKA (S. 38) mit Nachdruck eintritt. Diese Verlängerung der Myofibrillen hörte erst auf, wie wir aus den Befunden von P. SCHULZE entnehmen müssen, als der Muskel die Kuppel des Spitzenteiles erreichte und er so zum Retractor desselben geworden war. Diese Ableitung des Spitzenteilretractors bei *Papilio* aus dem Drüsenretractor bei *Zerynthia* gewönne an Wahrscheinlichkeit. wenn mir der Nachweis gelungen wäre, daß die Tonofibrillen des Drüsenretractors sich an dem inneren Blatte der Grenzlamelle der ellipsoiden Drüse ansetzen. Durch diesen Nachweis gewönne nämlich die folgende Beobachtung von P. SCHULZE eine große Bedeutung für die Homologie von *Zerynthia*-Drüsen- und *Papilio*-Spitzenteilretractor. P. SCHULZE (S. 185) zeigte, daß der Retractor des Spitzenteiles bei *Papilio* sich kurz vor seinem Ansatz in der Hypodermis der Spitzenteilkuppel in 2—5 Bündel auflöst, daß diese Bündel aber nicht besondere Muskelscheiden besitzen, sondern zusammen in der gemeinsamen Scheide bleiben, die sie bis zu ihrer Trennung umschloß. Der obere, in der Nähe der Spitzenteilkuppel gelegene Teil der Retractorscheide müßte also mit dem äußeren Blatte der Grenzlamelle der ellipsoiden Drüse homologisiert werden.

Noch eine andere Schwierigkeit macht die Homologie des Drüsenretractors mit dem Spitzenteilretractor zunächst noch problematisch. Diese Schwierigkeit bieten die so ganz einzigartigen Ansätze des *Papilio*-Spitzenteilretractors, die von P. SCHULZE so genannten „Klöppel" (S. 208/209).

P. SCHULZE schildert diese Gebilde wie folgt: „Von besonderem Interesse sind die Ansatzstellen an die Gabeläste, die einen Typ der

Muskelinsertion darzustellen scheinen, der bis jetzt noch nicht beobachtet wurde. Die einzelnen größeren Bündel jedes Retractors zerteilen sich in der Nähe der Ansatzstellen in kleine Bündel und setzen sich rings um den Schlauch herum in gleich zu schildernder Weise an diesen an, und zwar bei *Pap. machaon* am äußersten Ende, bei *Pap. podalirius* ein Stück oberhalb desselben. Am besten zeigt letztere Species die betreffenden Verhältnisse. Wir sahen, wie hier der Schlauch aus Zellen bestand, die unter sich durch schmale kernlose Verbindungsbrücken in Konnex standen, und daß sich die über den Zellen mächtig entwickelte Cuticula über dem Zwischenstück tief einsenkte. An der betreffenden Stelle geht nun mit diesem und seiner Intima eine merkwürdige Veränderung vor. Letztere bildet sich nämlich zu einem starken, braun pigmentierten, wie es scheint, *nicht ganz massiven* Zapfen von Glockenklöppelform um, der in das Zwischenstück hinein ragt (Abb. 33 *ch.k.*). Diese Gebilde sind es, welche man schon mit bloßem Auge als dunkle Flecken wahrnimmt. An günstigen Schnitten sieht man, daß der Zapfen, wie nicht anders zu erwarten, denselben Bau hat wie die Cuticula der beiden benachbarten Zellen. Von links und rechts ragen die einzelnen Chitinlamellen sich aufeinander legend und sich nach unten umschlagend in das Zapfenlumen hinein. Das Plasma des Zwischenstückes hat sich in radial dicht nebeneinander liegende gelbliche Sehnenfäden differenziert, die sich direkt in die Fibrillen fortsetzen, natürlich aber keine Querstreifung aufweisen."

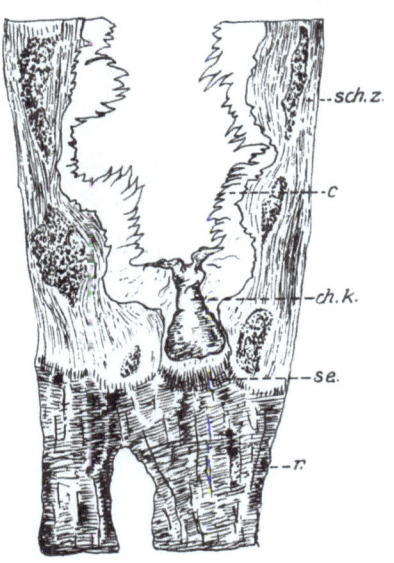

Abb. 33. *Papilio podalirius*. Raupe frontal. Muskelansatz an einem Gabelast, *sch.z.* Schlauchzellen. *c.* Cuticula derselben, *ch.k.* Chitinklöppel, *r.* Retractor, *se.* Sehne 500:1. Nach P. SCHULZE auf Tafel 12, Fig. 5.

Wegen ihrer Ausbildung als wahrscheinlich nicht ganz solide, also mehr oder minder hohle Chitingebilde und wegen ihrer dichten Anordnung auf einem Kreisumfange von etwa 1,5 mm — etwa 40 Klöppel bei einem Schlauchdurchmesser von höchstens 0,5 mm (s. P. SCHULZE, S. 185) — bin ich geneigt, „die Klöppel" als die zum Verschluß gekommenen Reste der Spitzenteilöffnung zu halten, in die die ellipsoide Drüse ausmündet.

Mit der Entwicklung bzw. Rückbildung der ellipsoiden Drüse geht die Ausbildung der Spitzencuticula parallel und bildet, wie schon gesagt, eine von *Zerynthia (Thais) polyxena* über *Pap. podalirius* zu *Pap. machaon* und *Parnassius apollo* in sekundärer Vereinfachung absteigende Reihe. Die Abb. 34

       a) *Zerynthia polyxena*,
       b) *Pap. podalirius*,
       c) *Pap. machaon*,
       d) *Parnassius apollo*

zeigt das.

Unter den angegebenen Einschränkungen können wir schließlich, wie folgt, zusammenfassen: Der Übergang des Drüsenretractors bei *Zeryn-*

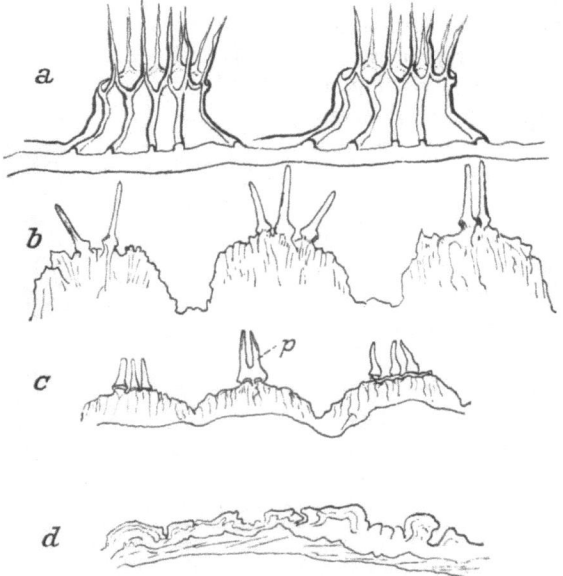

Abb. 34. Cuticula der Gabel. a) Von *Zerynthia polyxena*, b) von *Papilio podalirius*, c) von *Papilio machaon*, d) von *Parnassius apollo*, b, c, d nach P. SCHULZE auf S. 194. Fig. B.

thia in den Retractor des Spitzenteiles bei *Papilio*, die Ausbildung der „Klöppel", die Vergrößerung und die Drüsenfunktion des Endoplasmas in den Spitzencuticulazellen des Schlauchteilsyncytiums, das Längenwachstum des Schlauchteiles selbst, die von *Zerynthia* über *Papilio* zu *Parnassius* absteigende Entwicklung der Spitzencuticula scheinen mir nicht nur ein Beispiel interessanter Korrelationen zu sein, sondern auch einen Fall einer nicht minder interessanten Selbstregulation darzustellen, bei der wahrscheinlich die durch Nahrungs- und Klimaänderung ausgelöste Inaktivitätsatrophie der ellipsoiden Drüse zu einer Aktivitätshypertrophie sowohl des Muskelapparates wie des Spitzenteiles bei *Papilio* führt (siehe dazu ROUX, S. 22/23 und 30).

6. Kapitel.
Die Phylogenese des Osmateriums und die Urform der Papiliolarve.

Wie eingangs kurz ausgeführt, leitet P. SCHULZE die Nackengabel phylogenetisch durch Verwachsung aus Zapfen ab, die rein morphologisch etwa denen der *Zerynthia*-Larve glichen, aber ein- und ausstülpbar waren, Drüsenfunktion besaßen und topographisch dem Larvenkörper in dorsaler Stellung aufsaßen. P. SCHULZE (S. 238) weist darauf hin, daß vielleicht die Larve von *Papilio polydamas* derartige Zapfen besitze. Da er aber seine Untersuchung auf ein geblasenes Exemplar des Berliner Museums beschränken mußte, so bleibt nichts übrig, als für den weiteren Gang der Darstellung an dem primitiven Charakter der *Zerynthia*-Zapfen festzuhalten.

Ohne ein Urteil vorweg nehmen zu wollen, möge die dorsale Zapfenreihe, aus deren vorderen Gliedern die Nackengabel sich herausdifferenzierte, als *Drüsenzapfenreihe* bezeichnet werden, während die Fleischzapfen wegen ihrer Ausfüllung mit Fettgewebe und ihrer Funktion als Bildungsherde von Hämocyten als Vertreter der *Fettgewebezapfenreihe* gekennzeichnet werden sollen, und es fragt sich sofort, ob wir diese beiden Reihen homologisieren dürfen.

Ein durchgreifender Unterschied zeigt sich gleich: Der Werdegang des Osmateriums aus der Drüsenzapfenreihe war ein *progressiver* Prozeß, der offenbar schon phylogenetisch frühzeitig zum Stillstand gekommen ist. Zwar könnte man die Unfähigkeit der Larven der letzten Stände, die Nackengabel herauszustülpen, als den Beginn einer einsetzenden rückläufigen Entwicklungstendenz auffassen, aber von einer so typisch *regressiven* Entwicklung, wie sie GRUBER als Charakteristikum der Fettgewebezapfenreihe bei den Papilionidenlarven aufzeigte, kann keine Rede sein. Der Eindruck, daß es nicht angängig ist, die in das Osmaterium ausmündende Reihe der Drüsenzapfen mit der Fettgewebezapfenreihe zu homologisieren, verstärkt sich noch durch die folgende Gegenüberstellung der typischsten weiteren Unterschiede:

die Nackengabel mit Spitzencuticula,
die Fleischzapfen mit Setae,
die Nackengabel mit secernierenden Kernen im Spitzenteil (bei
   Papilio usw.),
die Fleischzapfen mit den gewöhnlichen Hypodermiskernen,
die Nackengabel mit dem mächtigen Komplex der ellipsoiden Drüse,
die Fleischzapfen mit Fettgewebesträngen, deren Zellen zuzeiten
   zu Bildungsherden der Hämocyten werden,

die Nackengabel auf der intersegmentalen Haut,
die Fleischzapfen nicht auf dieser,
die Nackengabel einstülpbar,
die Fleischzapfen nicht,
die Nackengabel mit mächtigen Retractoren,
die Fleischzapfen ohne solche.

Erwägt man all dieses, so erscheint es sehr unwahrscheinlich, daß die Nackengabel sich aus Zapfen entwickelt hat, die so gebaut waren wie die Vertreter der Fleischzapfenreihe bei *Zerynthia*, es müßte denn sein, daß wir hier vor einer divergenten Entwicklung stehen, die aus noch unbekannten Gründen aus der gleichen embryonalen Anlage einerseits Drüsenzapfen, andererseits Fettgewebezapfen herausbildete. Ich halte das für unwahrscheinlich, und zwar aus dem folgenden Grunde.

Die Nackengabel von *Zerynthia* wurde als die primitivere gegenüber den Formen aufgezeigt, wie sie *Papilio* und *Parnassius* darbieten, und die *so ganz differente Ausbildung von Spangen- und Spitzenteil nötigt unweigerlich zu der Annahme, daß das primäre Papilioniden-Osmaterium nicht nur zwei Drüsenzapfen, sondern sogar vier enthält.* Die Verwachsung von Hautgebilden auf dem Raupenkörper ist ja durchaus nichts Ungewöhnliches (Schwanzhorn der Sphingiden). Für die Vierzahl allerdings kann ich nur ein einziges Analogon beibringen: das caudale Horn von *Bombyx mori* L. SCHIERBEEK (S. 349) sagt darüber: ,,The caudal horn is formed by the left and right v. (verrucae, d. V.) dorsales of segment 8". ,,Perhaps s. (seta, d. V.) subdorsalis is united with it". (S. 348.)

Gliedern wir jetzt die Hauptbestandteile der *Zerynthia*-Nackengabel, den Spitzen- und den Spangenteil sowie die am meisten dorsalwärts stehende Fettzapfenreihe topographisch nach dem Schema von SCHIERBEEK auf dem Larvenkörper ein, so ergibt sich die zunächst überraschende Tatsache, daß der Spitzenteil in dorsaler Stellung aufsitzt, daß der Spangenteil dorsolateral sich einfügt, daß dagegen die Fettgewebezapfenreihe eine subdorsale Lage einnimmt (Abb. 8). Auch rein vergleichend-morphologisch kommt daher eine Homologie zwischen den hypothetischen Drüsenzapfenreihen und den Fleischzapfen nicht in Betracht.

Diese hypothetische Drüsenzapfenreihe hat aber ihre Spuren auf dem Larvenkörper phylogenetisch deutbar hinterlassen: Vom 2. Tergit an bis zum Analsegment hin finden wir in genau dorsaler und dorsolateraler Stellung braunschwarze Flecke. (Abb. 8 *m.d., m.ds.*). *Sie sind die Reste einer dorsalen und dorsolateralen Drüsenzapfenreihe, deren erste Glieder auf dem 1. Thoraxsegmente zu dem mächtigen Zerynthia-Osmaterium zusammenflossen und damit durch ihre überragende Entwicklung die Drüsenzapfen der übrigen Segmente der Atrophie überlieferten:* Kampf der Teile im Organismus!

Von dem größten Werte für die Theorie P. SCHULZES mußte es natürlich sein, wenn sich die bei *Zerynthia polyxena* aufgezeigten Verhältnisse auch für andere Papilionidenlarven dartun ließen.

Zunächst bot *Zerynthia rumina medesicaste* ILLIG diese Verhältnisse genau so schön wie *Zerynthia polyxena* dar, und als ich das Material an geblasenem Papilionidenlarven durchsah, daß Herr Dr. HERING in freundlichstem Entgegenkommen mir aus der Sammlung des *Berl. Zoologischen Museums* zur Verfügung stellte, da vertiefte sich der Eindruck durchaus, daß die Drüsenzapfenreihen bei den rezenten Formen verschwunden sind und ihr einstiges Dasein nur noch durch dorsale und dorsolaterale Farbflecke verraten.

Es wurden 18, meist tropische Formen untersucht, darunter *Papilio perrhaebus, P. thoantiades, sinon, alexanor, machaon, epemetes, theramenes, Parnassius apollo, delius* und *mnemosyne.*

Bei keiner dieser Larven findet sich dorsal ein Fleischzapfen, sondern meistens nur der Farbfleck, die Macula, und häufig genug ist auch dieser verschwunden und hat Streifen oder der allgemeinen Grundfarbe des Tieres Platz gemacht. Nur ein einziges Mal fand ich bei einem aus Südchina stammenden Alkoholexemplar von *Pap. xuthus* (?) auf dem 2. Thoraxsegmente zwei verdornte Zapfen in ausgesprochen dorsaler Stellung. Da solche Verdornungen auch häufig die Zapfen der Fettgewebereihen ergreifen, so stellt ihr Auftreten eine Convergenzerscheinung dar, die höchst wahrscheinlich durch Temperatureinflüsse hervorgerufen wird.

Wie diese hypothetischen Drüsenzapfen ausgesehen haben mögen, darüber läßt sich, abgesehen von ihrer allgemeinen Charakteristik als mit Retractoren und sezernierender Hautdrüse versehene, ein- und ausstülpbare Cuticulargebilde, nichts Bestimmtes aussagen. Vielleicht waren sie so einfach gebaut, wie die *Trichterwarzen der Liparidenlarven*, mit denen uns W. KLATT durch seine Untersuchungen bekannt gemacht hat.

Denkbar ist es auch, daß eine Untersuchung der jüngeren Larvenstände und vor allem des phylogenetisch so wichtigen 1. Standes, noch manchen wichtigen Aufschluß zutage fördert. Ich selbst habe jedenfalls nur geblasene Larven des letzten Standes für die vergleichend-morphologische Untersuchung zur Verfügung gehabt und möchte daher auch für mich die Einschränkung in Anspruch nehmen, die SCHIERBEEK bei einer derartigen Beschränkung des Materials für nötig hält: „as far as I am able to see."

SCHIERBEEK (S. 402) folgert aus dem topographisch als „pedal" zu bezeichnenden Auftreten der Seta oder eines ihrer Homologa an *allen*

Abdominalsegmenten der Lepidopterenlarve, daß die Urform Pedes spurii an *allen* Gliedern des Abdomens besessen habe. Auch die *Zerynthia*-Larve zeigt diesen altertümlichen Zug, und so sind wir jetzt imstande, von der Larve der den Papilioniden und Pieriden gemeinsamen Urform das folgende Bild zu entwerfen:

1. Die Larve hatte an *allen* Hinterleibssegmenten Pedes spurii.
2. Sie besaß auf jeder Seite 2 Reihen von *Drüsen*-Zapfen, die topographisch sich in dorsaler und dorsolateraler Stellung dem Larvenkörper eingliederten.
3. Diese Drüsenzapfen sind durch Retractoren einstülpbar; die Ausstülpung erfolgt durch den Druck der Hämolymphe.
4. Diese Zapfen umschließen secretorische Hautdrüsen.
5. Mehrere (3 ?) Reihen von Fettgewebezapfen, deren höchst gelegene, der Rückenlinie am meisten genäherte als subdorsal anzusprechen ist, bedeckten die Flanken des Tieres.
6. Die Urlarve war kleiner als die rezente *Zerynthia*-Larve.

Das letzte Charakteristikum ist erschlossen aus der allgemeinen Physiognomik, durch die HANDLIRSCH die Insectenfauna des *Lias* kennzeichnet. HANDLIRSCH sagt: (S. 176)

„In bezug auf die Physiognomik der Fauna läßt sich nur hervorheben, daß die im Perm bereits ausgesprochene Reduktion der Größe in der *Trias* mindestens zum Stillstand gelangte, wenn nicht gar wieder eine allgemeine Größenzunahme eintrat. *Im unteren Jura (Lias) trug die Fauna in unseren Breiten ein geradezu ärmliches Gepräge, und die Durchschnittsgröße blieb anscheinend hinter der heutigen noch zurück.*"

Und bis in den unteren Jura, den Lias, hinein, werden wir die Geburtszeit unserer Urlarve wohl hineinverlegen müssen. Denn das Auftreten einer so hochspezialisierten Form wie des *Limacodites mesozoicus* HANDLIRSCH im mittleren Jura nötigt zu der Annahme, daß die Ur-Lepidopteren schon im *ersten* geologischen Zeitraum der Juraformation gelebt haben (HANDLIRSCH, S. 359).

Große Veränderungen in der Entwicklung der Drüsenzapfenreihen zur Umbildung in die Nackengabel dürfte die Larve bis zur Kreide hin *nicht* erlitten haben. Denn erst in der Kreide schafft das Auftreten der angiospermen Pflanzen „ganz enorme neue Entwicklungsmöglichkeiten" (HANDLIRSCH, S. 294).

Nach der Auffassung P. SCHULZES ist die Nackengabel aber geradezu *das* ökologische Organ, das, wie wir gesehen haben, in seiner Ausbildung, sei es der ellipsoiden Drüse, sei es des Spangen- und Spitzenteiles getreulich Klima, Standort und Futterpflanze wiederspiegelt, und da Pieridinen einerseits, Papilioninen andererseits schon aus dem unteren Oligocän bekannt sind (HANDLIRSCH, S. 273), so ist der Schluß wohl nicht zu gewagt, daß

1. von der Kreide oder spätestens dem Eocän an die gemeinsame Larvenurform sich divergent nach zwei Richtungen zu den Pieridinen einerseits, zu den Papilioninen andererseits hin entwickelte, daß

2. diese Entwicklung für die Pieridinen eine *regressive* war und unter Verlust der Drüsen- und Fettgewebezapfen zu dem Farbfleck- und Borstenkleide der rezenten Formen führte, daß

3. dagegen bei den Papilioninen aus den vier ersten Drüsenzapfen der dorsalen und dorsolateralen Drüsenzapfenreihe *progressiv* ein der *Zerynthia*-Form ähnliches Osmaterium sich herausbildete, während die Drüsenzapfen der übrigen Segmente atrophierten und ihr Dasein nur noch als Farbflecke oder bisweilen als Verdornungen verraten.

4. Die Homologie der „Dämme" bei *Papilio podalirius*, der cuticulären Drüsenverschlußhaut bei *Papilio machaon*, des „Deckels" der ellipsoiden Drüse bei *Parnassius apollo* mit dem Spangenteil des *Zerynthia*-Osmateriums beweist, daß sowohl *Papilio* wie *Parnassius* und *Zerynthia* sich wahrscheinlich aus der *Zerynthia*-ähnlichen, in der Kreide lebenden Urform der Larve entwickelten. Diese Entwicklung war für alle drei Arten eine regressive, ganz ausgesprochen bei *Papilio* und *Parnassius*, bei denen die Regression den Spangenteil bis auf die Rudimente der „Dämme", des „Deckels" vereinfachte, weniger ausgesprochen bei *Zerynthia*, die wahrscheinlich nur die Ausstülpbarkeit des Spangenteiles verlor. Diese regressive Entwicklung vollzog sich in relativ kurzen geologischen Zeiträumen, von der Kreide an über das Eocän bis in das untere Oligocän, denn schon aus diesem sind sowohl Vertreter von *Papilio* wie von *Thais* bekannt (HANDLIRSCH, S. 273).

Auch über den Werdegang des Osmateriums aus den Drüsenzapfen der von Lias bis zur Kreide lebenden, den Papilioniden und Pieriden gemeinsamen Urform, die im Vorhergehenden ja schon so weit wie möglich anatomisch-morphologisch festgelegt wurde, läßt sich einiges aussagen.

An Larven der späteren Stände (nicht des ersten Standes) von *Zerynthia rumina medesicaste* läßt sich nämlich beobachten, daß die dem Spangenteil und dem Spitzenteil der Nackengabel topographisch entsprechenden dorsalen und dorsolateralen Farbflecke von den mittleren Abdominalsegmenten an zu Mund und After hin immer größer werden. Das ist eine Erscheinung, die völlig konform ist derjenigen, welche W. MÜLLER für die Bedornung der Nymphalidenlarven aufgezeigt hat. Hier wie dort ein Größerwerden der cuticulären Gebilde zu den Leibesenden hin, und mit W. MÜLLER bin ich geneigt, diese Erscheinung als Mechanomorphose aufzufassen. Ein ganz gleichmäßiges Größerwerden auf allen Segmenten mußte sowohl bei den Dornen der Nymphaliden wie bei den Drüsenzapfen unserer Urform zu mechanischen Wachstumshemmungen führen, die durch jede Bewegung des Tieres ausgelöst wurden. Ich halte es aus diesem Zusammenhang zwischen Bewegung und Entwicklung der Drüsenzapfen für wahrscheinlich, daß korrelativ zur Verkleinerung und dem Schwunde der mittleren Drüsenzapfen die Reduktion der Abdominalbeine einsetzte.

Ich möchte die Larve, welche noch *alle* Abdominalbeine und *alle* Drüsenzapfen besaß, als „*Liaslarve*" bezeichnen und die aus ihr durch Reduktion der Pedes spurii und Schwund oder Verkleinerung der mittleren Drüsenzapfen bei gleichzeitiger Vergrößerung der Mund- und Analzapfen hervorgehende mit dem Ausdrucke „Kreidelarve" benennen.

Die „Kreidelarve" also, um noch einmal zu wiederholen, ist die Mutterform sowohl der Pieriden- wie der Papilionidenlarve. Bei den Pieriden setzte ein bis zum Schwunde der Drüsen- und Fettgewebezapfen führender regressiver Prozeß ein, bei den Papilioniden dagegen ergriff die Regression nur die *Drüsen*-Zapfen vom zweiten bis zum Analsegmente hin, sparte häufig genug die *Fett*-Gewebezapfen aus, während ein ausgesprochen *progressiver* Vorgang aus den vier Drüsenzapfen des 1. Thoraxsegmentes das mächtige Osmaterium der Papilionidenurform herausformte. Ich darf diese Urform aus Kreide oder Eocän als *Zerynthia-Urform* bezeichnen.

Wie schon gesagt, verliefen diese Regressions- und Progressionsvorgänge in relativ kurzen geologischen Zeiträumen und waren wahrscheinlich in der Hauptsache schon im Oligocän vollendet. Diese dem Habitus der rezenten Formen nach der Kreide zudrängende schnelle Entwicklung ist ein ganz allgemeiner Zug in der Phylogenese der Insecten. HANDLIRSCH (S. 214) sagt darüber, man könne ruhig behaupten, „die Natur habe nach der Kreidezeit bei den Insecten nurmehr Art- oder höchstens Gattungsunterschiede zustande gebracht."

Die *Zerynthia*-Urform unterschied sich, auch das möchte ich wiederholen, wahrscheinlich von der rezenten Form durch die Ausstülpbarkeit des Spangenteiles.

Welche physiologischen Vorgänge diese Umformung in die Nackengabel bewirkten, darüber läßt sich natürlich nicht viel sagen. Immerhin müssen wir wohl annehmen, daß hier ähnliche Ursachen wirkend gewesen sein werden, wie sie MELL für Bildung des Hornes der Sphingiden annimmt (b. S. 63, 5): „Es ist wie das der anderen Familien entstanden durch Zusammenrücken der beiden hinteren dorsalen Borstenzapfen des 1. Segmentes infolge Zusammenpressens des Körpers nach dem Leibesende zu. Durch die Verschmelzung der beiden Borstenzapfen erfolgte anscheinend der Anreiz zu einer Größenzunahme. Dieser Anreiz wird wahrscheinlich unterstützt durch die starken Contractionen des Analschließmuskels und der Nachschiebermuskeln, die das Leibesende zu einem physiologischen Knotenpunkte machen."

Und einen solchen physiologischen Knotenpunkt stellen die Thoraxsegmente erst recht dar. Hier die Nähe der centralen Ganglien, hier die starke Muskulatur der Brustbeine, hier die mächtigen Imaginalscheiben der Flügel mit ihren Blutzellenherden, hier die reichliche Versorgung mit O_2 durch das prothoracale Stigma, hier vor allem der Kropf, dem die ellipsoide Drüse im eingestülpten Osmaterium ja dicht aufliegt.

Man sieht, wie glücklich die Theorie P. Schulzes auch diese räumliche Nähe zwischen ellipsoider Drüse und Darmtractus deutet, denn der Kropf ist ja die Stelle, in welche die beim Freßakt angeschnittenen oder zerstörten Excret- und Secret-, die Öl- und Fermentbehälter ihre specifischen Substanzen zuerst hineinergießen.

Daß gerade das erste von den Thoraxsegmenten zur Ausbildung der Nackengabel bevorzugt wurde, dürfte daran liegen, daß, wie der Ausstülpungsvorgang zeigt, die intersegmentale Haut zwischen Kopf und erstem Brustring eine Stelle geringster mechanischer Hinderung war.

Eine sehr wertvolle Bestätigung der hier ausgesprochenen Ansichten über unsere Larvenurform fand ich in der zusammenfassenden Arbeit von Otto Kaiser-München „Zur Stammesgeschichte der Papilioniden". Die Übereinstimmung in beiden Arbeiten erscheint um so wertvoller, als ich mit der Untersuchung von O. Kaiser erst nach dem Abschluß der meinigen auf Hinweis von Herrn Professor P. Schulze bekannt wurde. Auch systematisch erscheint diese Übereinstimmung bedeutungsvoll, denn sie zeigt, daß die phylogenetische Entwicklung bei Larve und Imago parallel gehen und daß eine auf larvalen Charakteren errichtete Systematik (Dyar) Berechtigung besitzen kann.

O. Kaiser legt seinen Untersuchungen nämlich die Entwicklung der *Imago* zugrunde, und er kommt auf Grund der Ausbildung des Flügelgeäders und der Flügelzeichnung, der Gestaltung der Dufttaschen der Hinterflügel, der geographischen Verbreitung und des Auftretens von Mimetikern zu dem Schlusse, daß „nichts mehr auf der Hand" liege (S. 12), „als daß sowohl die Gattung *Papilio* wie die Gattung *Parnassius* von *Thais*-Formen ihren entwicklungsgeschichtlichen Ausgang genommen haben. Natürlich ist die Sache nicht so zu verstehen, als ob die *Papilio* und die *Parnassius* aus den jetzt lebenden Thaidinen hervorgegangen sind, sondern aus längst ausgestorbenen Urformen, von denen uns aber die noch jetzt erhaltenen Thaidinae ein annäherndes Bild zu geben vermögen."

Und über die Herkunft der Pieriden urteilt O. Kaiser wie folgt (S. 14):

„Nichts liegt näher als die Entwicklung der Pieriden aus den *Parnassius*-Formen abzuleiten, daß zwischen Pieriden und Papilioniden eine nähere Verwandtschaft als zu allen anderen Rhopaloceren besteht, hat ja bereits Spuler aus dem Flügelgeäder geschlossen. Ich möchte nun noch einen Schritt weitergehen und annehmen, daß *die Pieriden die jüngere Familie sind, welche aus dem älteren Stamme der Papilioniden hervorgegangen ist*" (v. Verf. gesperrt).

Bezeichnen wir im Anschluß an O. KAISER die den Papilioniden und Pieriden gemeinsame Urform der Larve als *Thaidinae*-Larve, so läßt sich abschließend die folgende Organgeschichte des Osmateriums angeben:

1. Die Thaidinaelarve lebt von Lias bis Kreide. Sie besitzt noch keine Nackengabel. Entsprechend der dorsalen Lage des Spitzenteiles, der dorsolateralen Stellung des Spangenteiles besitzt sie auf jeder Seite je eine dorsale und dorsolaterale Drüsenzapfenreihe. — Über die Morphologie und Anatomie dieses Gebildes ist das Nähere schon S. 46 gesagt.

Die Thaidinaelarve erscheint in zwei Formen, der älteren *Lias*-Form, der jüngeren *Kreide*-Form, die ebenfalls schon gekennzeichnet wurden.

Die Kreideform bereitet durch die Vergrößerung der oral- und caudalwärts gelegenen Drüsenzapfen die Umformung in das *Zerynthia*-Urformosmaterium vor, und der Verlust der mittleren Abdominalbeine wird wahrscheinlich schon die Kreidelarve der Thaidinen zu ähnlichen *Katzenbuckelstellungen* geführt haben, wie sie unsere Abb. 31 wiedergibt.

2. Aus der Thaidinaelarve wird in Kreide, eventuell Eocän, die *Zerynthia-Urlarve*. Das Osmaterium derselben ist von dem der rezenten Form durch die Ausstülpbarkeit des Spangenteiles und wahrscheinlich auch durch das Vorhandensein je einer besonderen „ellipsoiden Drüse" für Spangen- und Spitzenteil unterschieden.

Aus diesem Urosmaterium bilden sich zunächst bis zum Unteroligocän hin durch die gleichen Entwicklungstendenzen die Nackengabeln von *Papilio* und *Parnassius* einerseits, von *Zerynthia* andererseits. Wie die Ableitung der „Klöppel" zeigt, verschmelzen die „ellipsoiden Drüsen" vom Spangen- und Spitzenteil, und der erstere verliert seine Ausstülpbarkeit. Auf dieser Stufe der Ausbildung bleibt das *Zerynthia*-Osmaterium stehen. Bei *Papilio* und *Parnassius* dagegen setzen energische Reduktions- und Umformungserscheinungen ein, die zu dem so interessanten Funktionswechsel im Spitzenteil führen, den Spangenteil bis auf die „Dämme" und „Deckel" reduzieren, die so mächtige „ellipsoide Drüse" im Spitzenteil ganz, im Spangenteil fast ganz zum Verschwinden bringen, dagegen zum Ausgleich den Spitzenteil vergrößern und das rein nutritiv tätige Endoplasma des Ur-Spitzenteiles in das excretorisch tätige des *Parnassius*- und *Papilio*-Spitzenteiles vervielfachen. Auch die Umformung des Drüsenretractors in den Spitzenteilretractor fällt in die geologische Zeitspanne Kreide-Oligocän.

Über die Entwicklung der *Pieriden*-Larve läßt sich etwas sehr Interessantes aus einem der Ergebnisse O. KAISERS herleiten. Unser Autor glaubt ja annehmen zu müssen, daß die Pieriden von *Parnassius* ähnlichen Urformen abstammen, womit, das wird ausdrücklich betont, natürlich nicht gesagt werden soll, daß damit an rezente Formen wie etwa *Parn. mnemosyne* oder *Parn. stubbendorfi* gedacht wird (b. S. 2).

Nimmt man nun, wie man nach dem Vorhergehenden wohl darf, an, daß die Entwicklung der Larve phylogenetisch derjenigen der Imago parallel ging, so läßt sich über die Entstehung der Pieridenlarve das folgende sagen:

Die in der Kreidezeit beginnende Regression der Drüsenzapfen der Thaidinaelarve ergriff zunächst die ganze *dorsolaterale* Reihe, reduzierte die *dorsalen* Zapfen aber nur vom 2. bis zum Analsegmente und sparte zunächst die beiden Drüsenzapfen des 1. Thoraxsegmentes aus. *Diese flossen ebenso wie bei den Papilioniden zu einem Osmaterium ähnlichen Gebilde* zusammen, das sich von dem der „echten" Parnassier aber dadurch *typisch unterscheidet, daß bei ihm die Entwicklung eines „Deckels" ausgeschlossen war.*

Schließlich werde die Phylogenese unserer Larven noch durch folgendes Schema verdeutlicht (Abb. 35)[1]).

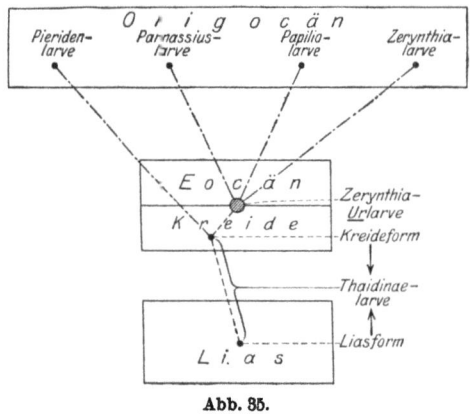

Abb. 35.

Wir sind am Schlusse unserer Ausführungen, und wenn auch vieles in den Ableitungen naturgemäß noch hypothetischen Charakter tragen muß, an der Behauptung dürfen wir trotzdem festhalten, daß die beiden Hauptgedanken P. SCHULZES, die Nackengabel physiologisch eine Art Excretionsorgan, phylogenetisch ein Drüsenzapfengebilde, mit hellem Lichte hineinleuchten in das Dunkel der Organgeschichte.

Für eine endgültige Feststellung wäre es vor allem nötig, die subtropischen und tropischen Larven auf das Vorkommen des *Spangenteiles* und die Ausbildung der ellipsoiden Drüse in ihrer Beziehung zu Klima, Standort, Futterpflanze zu untersuchen und damit eine ganz sichere Ökologie des Organs zu gewinnen. Diese Aufgabe läßt sich bei Anwendung des Diaphanolverfahrens von P. SCHULZE schon mit dem einfachsten Reisemikroskop bei 80facher Vergrößerung lösen, und mit diesem Hinweise glaube ich am besten einen kleinen Teil der Dankes-

---

[1]) Über Beziehungen der Versondrüsen zu den Zapfen und der Nackengabel soll später berichtet werden.

schuld abtragen zu können, in die ich durch mehrjährige Zusammenarbeit mit Herrn Professor Dr. P. SCHULZE gern geraten bin.

Literaturverzeichnis.

1. **Alboth, J.**: Einiges über *Pap. podalirius*. Internat. Ent. Z. 18, 1. 1922.
— 2. **van Bemmelen, J. F.**: Die phylogenetische Bedeutung der Puppenzeichnung bei den Rhopaloceren und ihre Beziehungen zu derjenigen der Raupen und Imagines. Verh. D. Z. G. 1913. — 3. **Bischoff, H.**: Ein neuer *Dinotomus* aus *Pap. bianor dehaani* Feld. Zeitschr. f. wiss. Insektenbiol. 1915. — 4. **Floersheim, C.**: Larval habits of *Iphiclides ajax*. Entomol. Record 21. 1909. — 5. **Gruber, A.**: Über nordamerikanische Papilioniden- und Nymphaliden-Raupen. Jenaische Zeitschr. f. Naturwiss. 17. 1884. — 6. **Haase**: Untersuchungen über die Mimicry als Grundlage eines natürl. Systems d. Papilioniden. I, 1. u. 2. Bibl. zool. 8. 1892. — 7. **Haffer, O.**: Bau und Funktion der Sternwarzen von *Saturnia pyri* Schiff. usw. Arch. f. Naturgesch. 87. Jg. 1921. Abt. A. — 8. **Handlirsch**: Paläontologie. Schröders Handb. d. Entomol. 3. 1920/21. — 9. **Henneguy**: Les Insectes. 1904. — 10. **Kaiser, O.**: a) Zur Stammesgeschichte der Papilioniden. Mitt. Entom. Ges. München 1917. b) Zur Stammesgeschichte der Papilion. Nachtrag. — 11. **Karsten, H.**: Bemerkungen über einige scharfe und brennende Absonderungen bei Raupen. Arch. f. Anat. u. Physiol. 1848. — 12. **Klatt, B.**: Die Trichterwarzen der Liparidenlarven. Zool. Jahrb., Abt. f. Anat. 27. 1909. — 13. **Kleine, C.**: Die *Chrysomela*-Arten *fastuosa* L. und *polita* L. u. ihre Beziehungen zu ihren Ersatz- u. Standpflanzen. Zeitsch. f. wiss. Insektenbiol. 13. 1917. — 14. **Klemensiewicz, St.**: Zur Kenntnis d. Hautdrüsen bei den Raupen u. bei *Malachius*. Verhandl. d. zool.-bot. Ges. Wien 32. 1882. — 15. **Leydig**: Lehrbuch d. Histologie. 1857. — 16. **Mell, R.**: a) Eiablagen bei Insekten. Naturwiss. Wochenschr. 11, I. 1912. b) Fauna Sinica II. Berlin: Friedländer, 1922. — 17. **Merian, M. S.**: Verandering der Surinamsche Insekten. Amsterdam 1705. — 18. **Müller, W.**: Südamerikanische Nymphalidenraupen. Zool. Jahrb. 1. 1886. — 19. **Paillot,**: Cytologie du sang des chenilles de Macrolepidoptéres. Cpt. rend. hebdom. des séances de l'acad. des sciences. 169. 1919. — 20. **Réaumur**: Mémoires pour servir à l'histoire des Insectes. N. 13. 1734. — 21. **Rösel von Rosenhof, A. J.**: Insektenbelustigungen. 1746—1761. — 22. **Roux, W.**: Die Selbstregulation. Halle 1914. — 23. **Schulze, P.**: a) Die Nackengabel der Papilionidenraupen. Zool. Jahrb., Abt. f. Anat. 32. 1911. b) Dasselbe. Berl. entom. Zeitschr. 58. 1913. c) Ein neues Verfahren zum Bleichen u. Erweichen tierischer Hartgebilde. Sitzungsber. d. Ges. naturforsch. Freunde Berlin Nr. 8—10. 1921. d) Über Beziehungen zwischen pflanzlichen und tierischen Skelettsubstanzen. Verhandl. d. Zool. Ges. 1922. — 24. **Schultze, A.**: Die Papilioniden der Kolonie Kamerun. Arch. f. Biontologie 4, 2. 1917. — 25. **Schierbeek, A.**: On the setal pattern of caterpillars and pupae. Tijdskr. Nederld. Dierkund. Vereeniging. 2. Ser. Deel XV. Leiden 1916/17. 26. **Studnička, F. K.**: Die Übereinstimmung u. der Unterschied in der Struktur der Pflanzen u. der Tiere. Prag 1917. — 27. **Vosseler**: Abnorme Eiablage u. Entwickelung v. *Pap. demoleus*. Zeitschr. f. wiss. Insektenbiol. 3. 1907. — 28. **Wegener, M.**: a) Über Bildungsherde der Hämocyten bei Lepidopterenlarven. Zool. Anz. 57. 1923. b) Die biologische Bedeutung der Nackengabel der Papilionidenraupen. Biol. Zentralbl. 43. 1923.

Lebenslauf.

Am 23. Oktober 1871 wurde ich, Oberschullehrer Max Wegener, als Sohn eines Handwerkers zu Berlin geboren. Das Abiturienten-Examen bestand ich an der Luisenstädtischen Oberrealschule zu Berlin. Seit 1902 stehe ich im Dienst meiner Heimatstadt. Neben meinem Beruf studierte ich in Berlin Naturwissenschaften und Mathematik. Die Doktorprüfung legte ich am 31. Juli 1925 an der Landesuniversität Rostock ab. Von meinen hochverehrten Lehrern fühle ich mich Herrn Professor Dr. phil. P. Schulze, jetzt in Rostock, in jeder Hinsicht zu ganz besonderem Dank verpflichtet.

Neben einer Reihe von bewegungsphysiologischen und pädagogischen Arbeiten habe ich die folgenden zoologischen und physiologischen Arbeiten veröffentlicht:
1. »Zur Physiologie der Schwimmblase der Fische«, Zeitschrift für allgemeine Physiologie, 1910;
2. »Über Bildungsherde der Hämocyten bei Lepidopterenlarven (Zerynthia polyxena Schiff)«, Zoologischer Anzeiger, Bd. LVII, 1923;
3. »Die biologische Bedeutung der Nackengabel der Papilionidenraupen« (Biologisches Zentralblatt, 43. Band, 1923).

If you have any concerns about our products,
you can contact us on
ProductSafety@springernature.com

In case Publisher is established outside the EU,
the EU authorized representative is:
**Springer Nature Customer Service Center GmbH
Europaplatz 3, 69115 Heidelberg, Germany**

Printed by Libri Plureos GmbH
in Hamburg, Germany